의료기기 품질경영시스템 및 제품 인증

FDA QSR 정기심사 3회 경험자가 얘기하는 의료기기

한연식 지음

의료기기 인증, 제품 생애 주기 관리,
FDA 대응 전략까지 한번에 해결!

중국, 러시아, 브라질 등 해외 시장 진출을 위한
완벽한 가이드

북랩

들어가는 말

지난 20여 년간 우리나라 의료기기 산업은 비약적인 발전을 이루어냈다. 고가의 외산이 독점하다시피 했던 병원 내 제품은 하나씩 국산으로 대체되었고, 일부 영역에서는 더 이상 외산 제품을 찾아볼 수 없게 되었다. 특히, 치과 의료기기 분야의 눈부신 성장 및 성과는 주목할 만하다. 나 역시도 우연한 기회에 치과 의료기기 회사에 근무하면서 우리나라를 넘어 전세계 탑티어에 오르는 영광을 함께할 수 있었다.

의료기기는 인간의 건강 증진을 위한 진단, 치료, 보존을 목적으로 그 어떤 산업의 제품보다 높은 수준의 안전과 성능을 보장해야 하고, 제품 개발부터 제조, 판매뿐만 아니라 사용, 폐기까지 전 생애 주기에 걸쳐 엄격한 품질관리를 요구한다.

다품목, 소량생산, 시장 규모로 인해 우리나라 의료기기 산업은 내수보다는 수출 중심의 사업 전략을 취하였고, 가격 경쟁력은 갖추었으나 제품 성능과 품질은 시장 요구 수준에 다소 미흡한 위치에 있었다. 현재는 그동안 우리나라 의료기기 회사들이 누려왔던 가성비 높은 제품이라는 지위를 중국을 포함한 후발 국가에 조금씩 내어 주고 있고, 일부 품목은 이미 경쟁에서 뒤처지기 시작했다.

이에, 우리나라 의료기기 산업은 시장의 요구 수준을 넘어 기대 이상의 고객 가치를 실현, 제공하는 초일류 제품으로의 도약이 필요한 시점이다. 이 책에서는 의료기기 제품 개발을 위해 어떠한 정보를 수집, 고객 가치를 발견하고 어떠한 절차를 통해 실현하며, 어떻게 성능과 품질을 검증하고 유효성을 확인하는지 전기전자 의료기기를 사례로 설명함과 동시에 제품 전 생애 주기에 채택, 운영해야 하는 품질경영시스템은 무엇이고, 현업에서는 무엇을 해야 하는지와 미국 FDA측의 QSR 정기심사를 어떻게 준비하고 대응해야 하는지 3회의 심사 경험을 바탕으로 기술하였다.

의료기기는 우리나라뿐만 아니라 거의 모든 국가에서 시험 및 심사를 거쳐 인증을 취득해야 제품을 판매할 수 있다. 이 책에서는 한국 MFDS, 유럽 CE, 미국 FDA를 제외한 상대적으로 오랜 기간이 소요되는 중국, 러시아, 브라질, 멕시코, 일본의 인증 절차, 소요 기간 등을 실제 경험을 바탕으로, 어떻게 하면 최단기간 내 최소 비용으로 인증을 획득할 수 있는지 기술하였다.

나는 이 책이 현재 우리나라 의료기기 회사의 경영진은 물론 이 분야에 진출코자 하는 회사 또는 인력이 어떻게 의료기기 제품을 기획, 개발하고, 제조, 판매해야 하는지 쉽게 이해할 수 있는 가이드 역할과 세계 시장을 선도할 수 있는 우리나라 의료기기 제품의 출현과 함께 전 세계 탑티어 의료기기 회사로 성장하는 데 조금이나마 보탬이 되길 바란다.

마지막으로 이 책을 구상하고 실현하는 전 과정에 아낌없는 조언을 해 주신 박수근 사장님께 감사드립니다.

한연식

차 례

제4장
의료기기 제품 인증

참고
ISO 13485:2016 의료기기 품질경영시스템

제 1 장

나의 FDA QSR 정기심사 경험기

내 생애 첫 FDA QSR 정기심사

“패트릭, 패트릭!” 평소와 같이 전날 설치한 제품의 성능 검사 결과를 확인하고 있을 즈음 빈센트의 다급한 목소리가 들려왔다. 평소 사무실 내 그 누구보다 말수도 적고 매사 차분한 성격의 그가 나를 이리 급히 부른 적은 없던 것으로 기억한다.

“무슨 일이에요? 빈센트.”

“미안해요, 패트릭. FDA에서 심사를 나왔어요.”

이게 무슨 상황인지 당황스러웠다. 통상 FDA는 개발 제조자인 한국 본사를 대상으로 정기심사를 하는 것으로 알고 있는데 미국법인에 심사를 나왔다니 더군다나 사전 예고도 없이.

상황을 파악해 보니, 이미 몇 주 전 텍사스 주정부 FDA Agency로부터 내가 근무하고 있던 미국법인을 대상으로 QSR 정기심사를 하겠다는 연락을 받았고, 담당자인 빈센트가 심사원과 심사 일정을 조율 중이었다고 한다. 근데 어제 갑자기 심사원으로부터 연락이 와 오늘 심사를 진행할 수 있겠냐 해서 동의하였으나, 미처 법인 직원들에게는 알리지 못한 것이었다.

짧은 침묵의 시간이 지나고 직원들은 웅성거리기 시작했다. 이러고 있을 시간이 없다. QSR 관련 직원들이 급히 모여 스탠딩 미팅을 시작하였다.

"내 생애 첫 FDA QSR 정기심사는 이렇게 시작되었다."

설립된 지 1여 년 된 법인으로 나를 포함 법인 내 어느 누구도 FDA QSR 심사를 경험치 못했을 뿐만 아니라 심지어 FDA QSR이 무엇인지도 모르는 직원들이 대부분인 상황에서 나라도 중심을 잡아야 했다.

먼저, 내가 근무하고 있던 미국법인의 주요 사업 및 업무에 대해 직원들과 한 번 더 공유하였다. 한국 본사로부터 의료기기인 Dental Extraoral X-ray 장비의 미국 내 수입/판매, 설치 및 고객서비스.

이에 더해, FDA QSR의 주요 심사 영역은 법인의 주요 업무에 대한 업무 프로세스, 프로토콜, 지침 또는 매뉴얼이 문서화되어 있는지와 수행 업무 결과에 대한 기록이 잘 보관, 유지되고 있는지가 심사의 주 대상임을 인지케 하였다.

나는 한국으로부터 수입한 제품의 추적, 관리 부문을, 나와 같은 팀에서 근무하고 있는 트래비스는 제품 설치 부문을, 존은 고객서비스 부문을 맡아 FDA QSR 심사에 대응키로 하고 각자 업무 매뉴얼과 결과물을 점검하고, 심사 전반에 대한 코디네이터(Coordinator) 역할은 언제나 웃는 얼굴로 처음 보는 사람과도 쉽게 친해지는 성향을 지닌 트래비스가 맡기로 했다.

빈센트가 주 정부 FDA에서 방문한 심사원과 짧은 티타임 후, 나와 우리 팀이 근무하고 있는 사무실로 들어왔고 "심사를 잘 마무리해야 하는데"라는 약간의 걱정과 함께 심사원을 맞이했다. 트래비스는 우리의 주요 업무 및 개인별 담당 업무를 소개하고, 심사원은 노트에 그 내용을 메모하였다.

소개가 마무리됨과 동시에 심사원은 제품 설치에 대한 업무 프로세스와 그 절차가 문서화되어 있는지 물었고 트래비스는 매뉴얼을 꺼내 심사원에게 설명하기 시작했다.

다행히도 내가 미국법인에 오자마자 제일 먼저 한 일이 제품 설치를 담당하게 될 법인 및 외부 업체 직원 교육을 위한 설치 프로세스, 프로토콜 및 지침이 정리된 매뉴얼을 작성한 것이다.

세일즈팀으로부터 고객과의 계약서 사본 접수부터 설치 전 현장 조사, 제품 운송, 설치, 설치 후 안전 및 성능 검사, FDA 신고까지 일련의 과정 및 과정 중 발생할 수 있는 변수에 대한 대응 권한 및 조치까지 아주 상세하게 기술된 매뉴얼이다. 미국 현지 직원들 특성상 매뉴얼에 없는 상황이나 변수 발생 시, 업무 중단 또는 지연되는 경우가 수시로 발생하기에 최대한 이런 내용을 모두 반영하였다.

매뉴얼을 기반으로 설치 업무 전반에 대한 설명이 마무리되자 실제 설치된 제품 기록을 보여달라고 하였다. 우리 팀은 제품 시리얼 번호별 별도의 파일철에 모든 기록을 하드카피로 보관할 뿐만 아니라 회사 서버에 소프트카피 또한 보관하고 있었고, 하드카피 기록을 심사원에게 보여주기로 하였다.

나는 심사원을 하드카피 기록을 보관하고 있는 구역으로 데려갔으며, 보관 구역은 제품별, 시리얼 번호순으로 정리되어 있었다. 심사원은 임의의 시리얼 번호 파일철을 꺼내 보관되어 있는 서류의 종류 및 그 내용을 확인하기 시작하였고 특히 설치 후, 안전 및 성능 검사 보고서와 FDA 신고서의 존재 유무를 확인하였다.

매뉴얼에 적시된 순서대로 사용자와의 구매 계약서 사본, 사전 설치 현장 조사서 사본, 창고로부터 설치 장소까지의 운송장 사본, 설치 후 안전 및 성능 검사 보고서(Installation Report) 사본, FDA 신고서 중 설치자 보관용 사본을 차례차례 확인할 수 있도록 하였고, 특히 X-ray 조사 면적, Phantom을 활용한 영상 성능 평가 결과 기록 부문을 집중적으로 설명하였다.

미국 내 X-ray 장비의 경우, 제품 설치 후 주 정부 FDA Agency에서 직접 방문 X-ray 장비의 안전과 성능에 대한 확인 및 사용허가를 내주는데 일부 사이트의 경우, 법인에서 원격으로 제품 설치자가 설치 직후 작성한 Installation Report를 보여주면서 이를 확인시켜 준 케이스가 있었기 때문이다.

심사원은 임의의 시리얼 번호 파일을 꺼내 동일한 서류들이 있는지 확인했다. 설치가 완료된 제품의 경우 매번 내가 직접 누락된 서류는 없는지, 영상 성능 평가 결과와 함께 Installation Report의 이상 유무를 확인하긴 했지만 "혹시나 미비된 서류가 있으면 어떻게 하지"라고 걱정하였지만 다행히 누락된 서류는 발견되지 않았고, 설치 부문 심사를 마무리하였다.

다음은 고객서비스 부문 심사를 진행하였다. 이 또한 설치 부문과 같은 수준으로 프로세스, 프로토콜 및 지침을 매뉴얼로 작성해 두었다.

존은 이 매뉴얼을 기반으로 심사원에게 고객서비스 절차 전반에 대해 상세히 설명하였고, 특히 설치된 모든 제품을 원격으로 접속, 제어가 가능해 실시간 원인 분석 및 고객 요구사항을 정확히 파악할 수 있음을 강조하였다.

심사원은 설치, 사용 중인 모든 제품을 원격으로 접속, 제어할 수 있음에 깊은 감명을 받은 듯하였다. 미국은 지리적, 문화적 이슈로 인해 고객 사이트 설치 장비에 문제가 발생하는 경우 원인 분석을 위한 엔지니어 방문에만 최소 1주일 이상이 소요되고, 이를 완전히 정상화하는 데 통상 1~2개월은 소요되고 있는 것이 현실이다.

우리는 법인 교육센터에 설치된 장비로 고객서비스 상황을 만들어 고객 사이트 설치 장비의 장애 발생 시부터 처리까지의 전 과정을 심사원에게 시연키로 하였고 심사원도 흥미로운지 함께 보자고 하였다.

나는 교육센터로 이동, 설치 제품에 장애 상황을 만든 후, 사무실로 전화를 했고, 존은 실제 고객으로부터 온 전화로 가정하고 사용 중인 CRM(Customer Relationship Management) 시스템에서 고객 및 설치 제품 정보 조회, 원격 접속, 원인 파악 및 처리하는 전 과정을 시뮬레이션(Simulation) 하였다. 사무실에서 원격으로 설치 제품을 동작, 제어하는 모습에 심사원은 신기한 듯 장비를 쳐다보고 있었다.

또한, 그동안 고객으로부터 접수된 고객 요구사항이 어떻게 처리, 관리되고 있는지 CRM 시스템상의 기록 확인과 함께 고객서비스 부문 심사도 마무리하였다.

마지막으로, 미국으로 수입된 제품의 관리 현황을 보여 달라는 요구가 있었고 나는 한국으로부터 수입한 모든 제품을 창고에 보관 중인 신제품, 중고제품, 부적합 제품, 실사용자 설치 제품, 실사용자 외(전시/데모) 제품으로 구분, 제품 이력(제품명, 모델명, 시리얼번호, 제조일, 수입일 등)이 포함된 관리 대장을 유지하고 있었으며, 이를 심사원에게 설명하였다.

특히, 부적합 제품의 처리에 관심이 많았고 이는 전량 한국으로 보내 원인 분석에 활용된다는 답변과 함께 심사를 마무리하였다.

심사 종료 미팅을 통해 심사원으로부터 미비 사항에 대한 피드백을 받게 되는데 다행히 특별한 보완사항 없이 제품 설치 후 FDA 신고만 누락 없이 잘 해달라는 말을 마지막으로 심사는 종료되었다.

너무 갑작스럽게 닥친 FDA QSR 심사인 데다 아무리 제품 수입/판매, 설치/고객서비스 업무만을 수행하는 법인일지라도 보완사항 없이 심사가 종료된 것은 개인적으로도 참 신기한 일이다.

심사원이 떠나고 빈센트를 포함 QSR에 대응한 직원들이 다시 모여 심사 전 과정 및 내용을 함께 리뷰하고 앞으로도 지금까지 해왔던 것처럼 꾸준히 업무를 수행키로 하였다.

직원들이 모두 퇴근하고 오늘 진행된 FDA QSR 심사를 하나하나 다시 짚어보았다. **의료기기 품질경영시스템에서 요구하는 가장 중요한 점은 조직이 수행하는 모든 업무에 대해 프로세스화하고,**

권한과 지침을 명확히 하며, 업무의 결과에 대해 문서화하고 이를 보존하는 것이다. 유용성과 유효성이 향상되는 방향으로 꾸준히 업그레이드하는 것은 물론이다.

이렇게 내 생애 첫 FDA QSR 정기심사는 종료되었다.

나의 두 번째 FDA QSR 정기심사

3년의 미국법인 근무를 마치고 한국 본사로 복귀하였다. 지금 회상해 보면 내가 지금까지 살아오면서 이렇게 오랫동안 긴장의 연속을 경험한 적이 있던가 싶다. 거기다 미국법인 근무 중 비행 이동거리만 해도 30만 마일. 알래스카부터 칠레까지 미주 전역을 참 많이도 다녔다.

본사 복귀 후 새로운 보직을 받게 되었고, 그동안 회사도 많은 변화가 있었다. 신규 입사한 직원도, 신설·변경된 조직도 많았다. 복귀 인사 겸 사내 구석구석을 돌아다니고 있을 즈음, FDA QSR TFT라는 표식이 붙어 있는 사무실을 발견하였다.

"어! 이건 무슨 조직이지?" 사무실 문을 열고 들어가 보니 생각보다 큰 공간에 수십 명의 인력이 있었고, 책상뿐만 아니라 거의 모든 테이블 위에는 각종 도면과 기술문서들이 즐비했다.

처음 본 직원도 있었지만 다행히 대부분의 직원들은 미국법인 발령 전 함께 근무했었기에 반갑게 나를 맞아주었다. "사무실 앞에

FDA QSR TFT라고 되어 있던데 여긴 뭐 하는 조직이에요?" 얘길 들어보니 3개월 전쯤 미국 FDA 측으로부터 본사를 대상으로 FDA QSR 정기심사를 진행할 것이라는 통보가 있었고, 본사 입장에서는 처음 경험하는 FDA 심사이기에 사전 준비에 만전을 기하기 위해 TFT를 만든 것이었다.

지금도 그렇지만 10여 년 전만 해도 FDA QSR 정기심사는 의료기기 업계에서 가장 힘들어하는 의료기기 품질경영시스템 심사였다. 만에 하나 중부적합 사항이 발생하면 미국으로의 제품 수출이 전면 중단되는 사태를 초래하기 때문이다.

품질경영실이 확대, 개편되어 산하 1개 팀 전원과 연구소, 제조, 품질, 기술지원 조직에서 파견된 직원들로 TFT가 구성되었고, TFT 리더는 새로 영입된 품질경영실장이 맡고 있었다.

본사는 의료기기 개발부터 제조, 판매, 설치/고객서비스까지 모든 과정을 수행하는 조직으로 심사는 의료기기 품질경영시스템 전 영역에 해당될 것이다.

미국으로 수출되는 모든 제품의 연구개발, 검증/유효성 확인, 제조, 품질관리, 출하 제품의 추적 및 고객 요구사항(고객불만 포함)에 대한 접수/처리까지 전 영역에 거쳐 모든 업무에 대한 프로세스, 프로토콜 및 지침 그리고 그 과정에서 도출되는 모든 산출물에 대한 문서화, 제조 제품의 추적 및 이력 관리, 고객 요구사항에 대한 조치 내역 등 이 모든 것이 잘 보관, 유지되고 있어야 한다.

나는 새로 부여받은 보직에 적응도 해야 했을 뿐만 아니라 지원 정도의 수준일 뿐 TFT에 많이 관여치 않고 있던 중 FDA QSR 정기심사 일정이 확정되었다는 소식을 접하였다. 최초 통보일로부터 거의 1년이 지난 시점으로 TFT 조직 운영도 1년 가까이 운영되고 있었다.

한창 현업에서 근무를 하고 있던 중, 긴급히 회의에 참석해 달라는 FDA QSR TFT 측의 연락을 받았다. 회의실에 들어가 보니 대표이사 포함 연구소장, 각 본부장 및 FDA QSR TFT 주요 인력이 모두 모여 있었고, 착석하자마자 FDA 측으로부터 접수한 Letter 한 장을 내게 보여 주었다.

Letter는 이번 정기심사에 심사원으로 오는 사람이 보낸 것으로, 그 내용은 "금번 FDA QSR 정기심사에서는 미국으로 출하된 제품의 안전과 성능/유효성이 개발 및 제조 단계에서 제대로 검증되었는지를 심사하겠다."였다.

나는 "다행이다."라는 안도와 함께 무리 없이 심사가 진행되겠다고 생각했다. 근데 회의실 분위기가 이상하다. "분위기가 왜 이리 무겁지?"

의료기기 품질경영시스템 즉, ISO 13485 기준으로 Letter 내용을 유추해 보면 심사 진행 중 심사원이 확인코자 하는 영역 및 문서/설비들을 예측할 수 있다.

미국 수출 제품 모델별 안전 및 성능 검증/유효성 확인 문서 즉, Acceptance Test Report 및 X-ray 안전성 시험 리포트와 미국 수출 제품 모델 별 생산 시설/작업표준(IQC~공정~OQC) 및 생산품 성능/이력, 이 두 영역이다.

가장 오랜 기간과 인력이 투입된 연구개발 부문이 빠져 있어 아쉽긴 하지만 그래도 심사를 잘 마무리하는 것이 더욱 중요하기에 다행이라 생각하고 있던 차, 급히 나를 호출한 이유를 알게 되었다.

TFT에서 1년 가까이 열심히 준비했음에도 불구하고, 미국 수출 제품 6개 모델 중, 5개 모델의 안전 및 성능 검증/유효성 확인 문서 즉, Acceptance Test Report 및 X-ray 안전성 시험 리포트가 존재하지 않았던 것이다.

어찌 된 영문인지 이해가 되지 않는다. 통상, 이 시험 및 시험 결과 보고서는 연구개발 프로세스상 ES(Engineering Sample) 개발이 완료된 다음 단계인 개발 제품의 검증/유효성 확인 단계에서 도출되고 이를 기반으로 공정 작업 표준 및 OQC(Outgoing Quality Control) 검사 항목/기준이 마련되기 때문이다.

이 시험이 이루어졌으나 결과를 리포트로서 정리하지 않은 것인지, 아니면 시험 자체가 없었던 것인지. 후자일 가능성은 없다. 왜냐하면 시험 결과 리포트 제출 없이 FDA로부터 승인을 받을 수 없기 때문이다.

다행히 미국법인 발령 전, 나와 내 팀원들이 1개 모델에 대한 Acceptance Test Report와 X-ray 안전성 시험 및 결과 리포트를 작성해 두었고, 지금도 그 리포트를 활용하고 있을 뿐만 아니라 현재 맡고 있는 팀 또한 이 부문의 시험 및 결과 리포트를 작성할 수 있는 역량을 보유하고 있었기에 크게 문제가 될 것은 없었다.

심사 개시까지 남은 시간은 2주, 좌고우면할 시간이 없다. 심사 개시 전, 5개 모델의 Acceptance Test Report와 X-ray 안전성 시험 리포트를 확보해야 한다.

나는 회사로부터 이 작업에 필요한 자원을 제약 없이 사용할 수 있는 권한을 부여받고 회의를 마쳤다. FDA QSR TFT 리더를 겸하고 있는 품질경영실장이 내게 다가와 미안한 표정을 지으며 말했다. "아이러니합니다. 그 시험과 시험 결과 보고서는 반드시 문서로서 보존되어 있어야 하는데 말이죠." 나 역시도 그렇게 생각하긴 하지만 현재로선 어찌할 도리가 없었다. 그나마 다행스러운 건 지금이라도 이것이 발견되었다는 것이다.

"내 생애 두번째 FDA QSR 정기심사는 이렇게 시작되었다."

"최대한 빠른 시일 내 5개 모델의 Acceptance Test Report와 X-ray 안전성 시험/결과 리포트 확보" 이것만 생각기로 하고, 잠시 해야 할 일과 필요 자원에 대해 정리하였다.

먼저 해야 할 일

첫 번째, Acceptance Test Report는 제품의 기계적, 전기적, X-ray 안전성과 X-ray 및 영상 성능을 평가하여, 개발 목표에 부합하는지를 확인, 이의 결과를 문서화하는 것으로 제품의 개요, 스펙 포함, 시험에 활용한 제품 및 팬텀, 지그, 테스트기 정보를 함께 제공하고,

두 번째, X-ray 안전성 시험/결과 리포트는 Leakage, Scatter, 방사선량을 측정, 그 결과를 시험에 활용한 제품 및 팬텀, 지그, 테스트기 정보를 함께 제공한다.

시험 및 리포트 작성에 필요한 자원

다행스럽게도 Acceptance Test Report의 경우, 해당 5개 모델 모두 현재 생산 중인 제품으로 모델별 특정 시리얼번호 장비 제조공정표, OQC 검사성적서 그리고 작업과정 중 생성된 데이터를 수집, 이를 활용하여 리포트를 작성할 수 있고,

X-ray 안전성 시험/결과 리포트는 5개 모델 모두 정해진 프로토콜로 측정, 그 결과 데이터로 리포트를 작성해야 하기에 제품, 작업공간, 측정도구, 인적자원뿐만 아니라 물리적으로 오랜 시간이 소요된다. 게다가 측정도구 보유 수량도 2세트가 전부이고, 측정 중 X-ray 제너레이터가 Over-heating 되지 않도록 주의해야 한다.

제조본부는 시험에 필요한 작업공간 및 제품 설치, 품질본부는 X-ray 안전성 시험, 내가 맡은 팀은 리포트 작성을 담당하는 것이 가장 효율적일 것이고 조직별 최대 가용 인력을 선정한다.

본부장들에게 업무 Scope와 필요 인력을 요청하고 30분 후쯤, 각 부서에서 선정된 인력들이 속속 한자리에 모였다. 나 역시도 우리 팀 내 최고 역량을 보유한 인력을 선정하였지만, 각 부서에서 합류한 인력들의 면면을 보니 확신이 섰다.

"기한 내 할 수 있겠구나!"

이렇게 모이게 된 배경, 앞으로 해야 할 일, 각자 수행해야 할 일에 대해 설명하고, 오늘은 제품 설치, 측정에 필요한 팬텀, 지그, 테스트기 확보, 리포트 작성에 필요한 데이터 수집과 업무 환

경을 구축하고, 실제 시험 및 리포트 작성은 다음날 오전에 시작키로 하였다.

D-13, 1일 차

아침 일찍 모든 인력이 빠짐없이 모였고, 오늘은 2개 모델의 Acceptance Test Report와 X-ray 안전성시험 Leakage, Scatter 부문을 완료키로 하였다. 나 역시도 진행 도중 발생할 이슈에 신속한 의사결정 및 지원을 위해 상주하였다.

Acceptance Test Report 작성은 순조롭게 진행되었다. 타 모델의 리포트를 기반으로 새로운 정보와 데이터를 업데이트하는 방식이기에 실시간 진척 현황도 파악할 수 있는 반면, X-ray 안전성 시험은 시작 초반 프로토콜을 다시 재정립해야 했다. 측정방법과 측정영역 두 부문에서 참여자 간 서로 알고 있는 프로토콜이 상이했다.

말 그대로 X-ray 안전성시험, 즉 제품을 사용하는 사용자와 피사용자를 X-ray로부터 안전하다는 것을 증명하는 것이 이 시험의 본질적 가치이기에 이에 좀 더 부합하는 방식은 보다 엄격한 측정방법과 측정영역을 프로토콜로 하는 것이 바람직하다.

합의된 프로토콜을 화이트보드에 정리하고 X-ray 안전성시험 Leakage 부문의 시험을 시작하였다. 시험 프로토콜을 문장으로 기술하기에는 조금 복잡할 뿐만 아니라 이해하기도 어렵기에 여기서는 생략키로 하고, 여튼 이 시험은 시간도 오래 걸리고 X-ray로부터의 보호 조치를 병행해야 하는 약간은 고된 작업이다.

시험, 리포트 작성, 검증 및 확인 시간을 최소화하기 위해 나를 포함 이의 검증 인력은 중간 결과물을 지체 없이 확인하였다. 시험과 리포트 작성, 검증/확인을 동시에 진행한 것이다.

1일차 작업을 마무리하고 2개 모델의 Acceptance Test Report를 FDA QSR TFT로 이관하였다. TFT는 이 리포트와 양산 제품 검사에 적용 중인 검사 성적 보고서 간 항목과 기준, 결과치를 교차 검증키로 하고, X-ray Leakage, Scatter 리포트는 내일 작성, 이관키로 하였다.

D-12, 2일 차

오늘도 2개 모델 Acceptance Test Report 작성과 어제 마무리하지 못한 2개 모델의 방사선량을 측정하고, 리포트를 완성한다.

2일 차 작업 종료와 함께, TFT에 리포트를 이관하고 향후 일정을 가늠해 보았다.

Acceptance Test Report는 5개 모델 모두 이번 주 완료, 이관 가능하고, X-ray 안전성 시험/결과 리포트는 4개 모델 완료, 이관이 가능하다. 남은 1개 모델의 작업은 어떻게 할까 고민이다. 이 작업이 제조 공간을 사용하고 있어 생산에 일정 부분 영향을 미치고 있었기 때문이다.

구성원들과 상의 결과, 남은 1개 모델은 2대를 동시에 설치, 주말에 시험 항목을 나눠 측정하고, 리포트 작성 및 TFT로의 이관은 차주 월요일 진행키로 하였다.

D-7, 7일 차

주말에 진행한 마지막 모델의 측정치를 확인하고 리포트 작성만 남겨둔 상태에서 이 작업에 참여한 전 구성원이 다시 모였다. 리포트 작성은 현업에 복귀해 마무리, TFT에 이관키로 하고, 나머지 구성원은 정리 작업을 진행하였다.

지난 1주일이 어떻게 지나갔는지 모르겠다. 그날그날의 업무 목표가 완료되는 시간이 곧 퇴근 시간이었기에 대부분의 구성원은 자정이 다 되어서야 퇴근을 했다. 정리 작업을 진행 중인 구성원을 바라보면서 이런 생각이 들었다.

"저들의 열정, 역량과 함께라면 무슨 일이든 할 수 있겠구나."

세월이 지난 현재, 이 작업에 참여했던 구성원 모두 관련 업계에서 각자 의미 있는 역할과 성과를 내고 있음은 물론이고 대한민국 의료기기 산업 발전에 기여하고 있음은 분명한 사실이다.

D-6, 8일 차

FDA QSR TFT 측과 5개 모델 Acceptance Test Report와 X-ray 안전성 시험보고서 최종 점검, 이관 및 OQC 검사성적보고서와의 Cross-check 결과 확인과 함께 작업을 모두 마무리하였다.

나 역시 현업 복귀를 하려던 차, TFT 측으로부터 두 가지 지원 요청을 받았다. 하나는, FDA 심사 전과정에서 심사원-TFT 간 소통 채널을 담당할 Coordinator를 파견해 달라는 것과 나머지 하나는 나의 TFT 합류 및 최종 점검, 심사 대응 일부를 맡아 달라는 것이었다.

TFT의 지원 요청은 어찌 보면 당연한 것으로 보인다. 금번 FDA QSR 정기심사의 주 심사 영역이 지난 1주일 작업한 내용과 양산 제품의 OQC 검사성적보고서이기에 현재 시점 이를 가장 잘 이해하고 대응할 수 있는 자원은 이 작업에 참여, 리포트를 작성하고, 이를 검증한 인력이기 때문이다.

Coordinator로는 Acceptance Test Report 및 X-ray 안전성 시험보고서 작성자 중 한 명을 선정하였고, 나 역시 TFT에 합류 FDA QSR 정기심사 최종 점검 및 심사 대응에 참여키로 하였다.

D-5~3, FDA QSR 정기심사 최종 점검 및 심사 시뮬레이션

연구개발, 생산/시설, 생산/출하 제품, 고객 요구사항 4개 영역별 책임 주도하에 심사 전 최종 점검을 진행하였다. 부문별 업무 프로세스, 프로토콜, 지침/표준, 그리고 이의 산출물이 빠짐없이 문서로서 존재하는지와 데이터 정합성을 확인하는 것이 핵심이다.

산출물이 아무리 존재하더라도 그 안의 데이터가 연구개발부터 양산 제품까지 정확히 기준 내 존재해야 하며, 특히 기준 항목 및 기준치는 반드시 일치해야 한다.

나는 앞서 작업한 Acceptance Test Report와 공정작업표준, OQC 검사성적서, Installation Report 간 기준 항목 및 기준치, 그리고 이의 실제 작업 및 측정 데이터의 정합성을 확인하였다.

최종 점검을 마무리하고, 사전에 통보받은 금번 FDA QSR 정기심사의 주 심사 영역을 중심으로 전체 심사 일정과 대응 시나리오를 시뮬레이션했다.

"심사원 1명, 총 심사 기간은 3일" 이 상황을 고려해 보면, 동시에 여러 부문을 심사하는 것은 어렵고, 1일 차 오전/3일 차 오후는 시작/종료 미팅으로 실제 심사 기간은 2일. 이 기간 동안 6개 모델의 개발부터 제조까지의 안전과 성능/유효성 검증 부문을 심사한다.

너무 빨라도, 그렇다고 너무 늦어서도 안 된다. 또한, 요구하지 않는 문서의 제출이나 불필요한 설명은 하지 않는 것이 좋다.

이제 심사 준비는 끝났다.

D-Day, 심사 1일 차

심사원이 1명인 관계로, 우리 측에서도 최소 인원만 Kick-off 미팅에 참석키로 하고 FDA QSR TFT 리더이자 품질경영실장 주재하에 미팅을 시작하였다.

Kick-off 미팅 참석자 인사 및 회사 내 담당 업무, 회사 사업 및 제품 소개를 마치고, 심사원과 금번 정기심사의 심사 영역과 일정에 대한 협의를 진행한 결과, 사전 통지된 심사 영역 및 우리가 사전 시뮬레이션한 일정과 거의 일치했다.

FDA에서 온 심사원은 우리 회사가 주력으로 하고 있는 Dental Extraoral X-ray 제품에 대해 상당한 수준의 전문지식을 보유하고 있을 뿐만 아니라 우리가 현재 미국 시장에 판매하고 있는 모델에 대해서도 사전 학습이 충분히 되어 있는 것으로 파악되었고, 이에 우리의 대응 수준 또한 생각보다 높아야 함을 감지할 수 있었다.

Kick-off 미팅 종료 후, 본사 투어 동선은 본사 의료기기 품질경영시스템 영역인 연구개발 및 검증/유효성을 확인하는 연구소, 제조/품질, 생산품 및 출하 대기 창고, 고객서비스를 담당하는 고객서비스 본부 순으로 진행키로 하고, 주요 업무와 성과 책임 중심으로 조직 소개 및 이의 결과물을 경험토록 하였다.

투어가 진행되는 동안, 심사원은 노트에 무엇인지는 모르겠으나 꼼꼼히 메모를 하는 것을 볼 수 있었고 상당한 수준의 Q&A도 이루어졌다. 후에 알게 된 사실이지만, 이때의 설명이 본인이 질문, 확인코자 했던 내용이 다수 포함되어 있었을 뿐만 아니라 심사 과정에서 집중해서 볼 영역이 어느 곳에서 행해지는지 파악할 수 있었다고 한다.

본격적인 심사가 시작되었다.

심사원은 현재 FDA에 등록된 6개 모델의 안전 및 성능에 대한 검증 확인 문서를 요구하였고, 우리는 지난주에 완료한 Acceptance Test Report와 X-ray 안전/성능 보고서 제출과 함께 리포트 작성자 중 한 명인 Coordinator가 Acceptance Test Report부터 상세히 설명하였다.

이 리포트는 의료기기 국제 규격 가이던스 IEC 60601 Safety, IEC 61223 Imaging Performance에서 요구한 항목 및 기준에 더해 회사 설계 표준을 반영한 것으로, 리포트에 적시된 규격을 먼저 설명하고, 규격에서 제시하고 있지 않은 항목에 대해서는 무엇을 근거로 설계 표준으로 설정한 것인지, IEC와는 동일 항목이지만 FDA가 IEC보다 더 높은 수준의 안전/성능을 요구한 것은 어떤 항목인지까지. Q&A 포함 1일 차 오후 대부분의 시간이 소요되었다.

다행히, 심사원의 이해 수준도 높았고, Q&A가 거침없이 진행된 관계로 큰 이슈 없이 제품 연구개발 시 진행된 안전 및 성능 검증/유효성 확인 리포트 심사는 종료되었고, 내일은 제조(공정~검사) 부문의 심사를 진행키로 하고 1일 차 일정을 마무리하였다.

D+1, 심사 2일 차

의료기기의 핵심은 안전과 성능의 국제 규격(IEC, FDA 등) 충족이 최소 충분조건이며, 개발 제품의 검증/유효성뿐만 아니라 양산 제품 또한 이에 부합해야 하기에 제조 공정 전반에 적용 중인 작업 표준, 양산 제품의 검사 항목과 기준은 이와 같거나 높은 수준에서 관리해야 한다. 이에 더해, 제조 과정 중 사용되는 지그, 팬텀, 테스트기 등의 정기적 검교정을 통한 유효성 담보는 물론이다.

심사원은 현재 제조 공정에서 사용 중인 작업표준서와 OQC 검사성적보고서 양식과 더불어 이미 미국으로 수출된 모델별 특정 시리얼 번호 장비의 작업표준서, OQC 검사성적보고서 심사를 진행하였다.

어제 심사한 리포트와 작업표준서, OQC 검사성적보고서 간 검사 항목과 기준, 그리고 양산 제품의 적합성을 꼼꼼히 심사했을 뿐만 아니라 생산/검사 장비 및 설비의 검교정 데이터 역시 확인하였다.

심사 개시 전 여러 차례 사전 점검으로 다행히 부적합 사안은 발생하지 않았으며, 제품 사용 환경에 영향을 받아 성능 저하가 우려되는 일부 항목과 기준은 국제 규격보다 엄격하게 관리하고 있음을 피력하여 심사원으로부터 공감을 얻어내는 데 성공하였다.

2일 차 심사 진행 속도와 분위기를 감안, 심사원은 요청하지 않았으나 미국으로 수출, 실제 사용자에 설치된 제품의 설치 후 안전 및 성능검사 보고서인 Installation Report도 제출하는 것이 좋겠다는 판단이 들어 심사가 진행된 OQC 검사 성적 보고서상의 동일 시리얼 번호 제품의 Installation Report도 추가 제출, 우리의 의료기기 품질경영시스템은 제품 개발부터 제조, 사용자가 사용함에 있어 안전과 성능을 보증하는 것을 목표로 함을 강조하였다.

심사원의 피드백은 의외로 호의적이었고, 본인의 경험상, 작업 표준 또는 검사 항목과 기준의 불일치 상황이 많을 뿐만 아니라 출하된 제품의 성능까지 이렇게 높은 수준으로 관리하고 있는 경우는 흔치 않다고 한다.

어제와 마찬가지로 2일 차 역시 큰 이슈 없이 마무리하였다.

D+2, 심사 3일 차

최초 계획보다 심사가 빠르게 진행되어 심사원이 계획했던 부문의 심사는 어제 마무리되었다. 그렇다고 조기에 심사가 종료되는 것은 아니었고 추가로 회사의 연구개발 프로세스 심사를 진행하였다.

지난 1년 이상 FDA QSR TFT가 가장 많은 시간을 투자하여 준비한 영역으로, 새로운 연구개발 프로젝트 관리 시스템(Project Management System) 도입과 함께 연구개발 프로세스를 보다 정교하게 업그레이드하였고, 그 과정 중 산출물, 이의 목표 수준, 책임과 권한을 명확히 하였다. 또한, 기존 개발 완료된 제품의 산출물에 대한 시스템 입력까지 완료해 둔 상태다.

연구개발 프로세스 맵을 활용하여 기획, 개발, 시험/검증 및 유효성 확인, PILOT 생산, 양산 총 5단계의 기본 프로세스 하의 각 단계 내 KM(Key Milestone)을 설정, 단계별 주체의 자체 Gate Keeping을 진행, 미진한 부문 또는 누락 사항이 없도록 조치하고, 다음 단계로 넘어갈 때는 목표 수준 달성 여부 및 산출물이 빠짐없이 도출되었는지 확인, 이의 기록을 보존함을 심사원에게 설명, 금번 정기심사의 주 심사 영역은 세 번째 단계인 시험/검증 및 유효성 확인에서 도출됨을 인지케 하였다.

몇 가지 Q&A 진행 후, 이 부문의 심사 종료와 함께 심사를 마무리하고, 최종 피드백과 함께 종료 미팅을 진행하였다.

"예상치 못한 피드백을 맞이하였다."

오랜 심사 준비 기간 및 심사 직전의 상황으로 준비 자체는 다소 어려운 점이 많았으나, 다행스럽게도 FDA QSR 정기심사는 시작부터 마지막까지 큰 이슈 없이 진행되었다.

특별한 이슈 없이 긍정적 피드백과 함께 심사가 종료될 것으로 기대하였으나, 뜻밖의 보완사항을 접수하였다. 다름 아닌 "미국 내 우리 제품 유통상 홈페이지에 제품 정보가 잘못 기재되어 있으니 이를 신속히 수정하라."라는 것이었다.

이것은 분명 심사원이 한국에 오기 전 사전 점검을 통해 잘못된 것을 발견하였고, 피드백 항목으로 남겨둔 것이었을 것이다. 사실 FDA QSR TFT 어느 누구도 이 부분까지는 생각지 못했다.

짧은 탄식과 함께 마케팅 팀장을 시급히 호출, 미국법인에 연락하여 해당 유통상 홈페이지의 잘못된 정보를 수정토록 하였고, 완료 즉시 시정 조치 완료보고를 진행키로 하고 미팅을 종료하였다.

이렇게 나의 두 번째 FDA QSR 정기심사는 종료되었다.

TIP. 원활한 FDA QSR 정기심사 진행 위한 Coordinator 선정과 역할

FDA로부터 심사 일정이 통보되는 시점부터 심사 기간 심사원의 심사 활동뿐만 아니라 한국 내 체류, 심사 종료 후 출국 시까지 밀착 케어할 수 있는 전담 인력 즉, Coordinator를 선정, 배치하는 것이 좋겠다.

요즘 유행하는 MBTI E 성향의 원어민 수준 영어 역량과 ISO 13485, 자사 제품의 기술적 이해도가 높고 심사원과 비슷한 연령대의 인력이라면 더욱 좋을 것이다. 심사원과의 인간적 교감뿐만 아니라 심사 진행 중 요구사항에 대한 정확한 이해, 대응 인력의 여유 확보 측면에서 유리하다.

FDA 내부 규정상 심사원은 피감 기관으로부터 U$30 이상의 선물이나 식사를 제공받을 수 없으므로 심사 기간 중 불필요한 접대는 하지 않는 것이 좋고, 매일 저녁은 Coordinator만 동석, 다음날 시행하는 심사 내용과 준비해야 할 산출물에 대한 정보를 파악하는 것이 좋겠다.

4년 만에 다시 찾아온
세 번째 FDA QSR 정기심사

두 번째 FDA 정기심사를 마치고 4년의 시간이 흘렀다. 내게 있어 4년이라는 시간은 참 오랜 세월로 느껴진다. 지금도 인생의 멘토로서 아낌없는 조언을 해 주시는 대표이사님을 포함, FDA QSR TFT 리더였던 품질경영실장, 품질기획팀장, 제품인증팀장 모두 계열사 이동 또는 회사를 떠났고, 나 역시도 기술지원, 연구소를 거쳐 고객서비스 본부장 보직을 수행하고 있었다.

"FDA QSR 정기심사가 언제쯤 다시 나올까?"라는 말이 회사 내 회자되고 있을 즈음 FDA로부터 3개월 후 정기심사를 진행하겠다는 Letter가 도착했고, 신임 대표이사는 대응 방안을 수립하기 위해 나를 호출하였다.

당시의 회사 조직 및 역량으로 판단컨대, 신임 대표이사가 나를 먼저 호출한 것은 충분히 이해할 만하다. 본인도 FDA QSR 정기심사는 물론 품질경영시스템 경험이 부족했고, 품질경영실장 또한 오랜 기간 품질 현업에 있었기에 회사 전 영역을 대상으로 한 FDA

QSR 정기심사는 다소 부담스럽게 느껴졌을 것이다.

지난번과 달리 이번에 도착한 Letter에는 어느 영역을 주로 심사하겠다는 언급 없이 심사 일정만 적시되어 있었다. 혹시 지난번과 같이 심사 개시 2주 전 주 심사 영역에 대한 통보가 있지 않을까 하는 기대가 있었으나 그렇지 않았다.

대표이사는 내게 Letter를 보여주며 "이번엔 FDA가 어느 영역을 집중해서 심사할까요?"라고 물었고, 나는 잠시 생각한 후 "금번엔 미국 고객으로부터 접수된 고객 요구사항(고객불만 포함), 이의 체계적 모니터링/분석, 설계변경을 통한 개선/검증/유효성 확인 및 양산 적용, 장애예방조치까지의 전 과정을 심사할 것 같다."라고 답했다.

내가 이렇게 답변하게 된 근거는, FDA 입장에서 QSR 정기심사를 통해 우리 회사의 무엇이 알고 싶고, 지금까지 어느 영역이 해소되었고, 어느 영역을 해소하지 못했을까를 고민한 결과이다.

내가 FDA라면 이런 부문이 궁금할 것이다.

첫째, 이 회사는 유효성이 담보된 연구개발 프로세스, 시스템을 갖추고, 국제 규격을 충족함과 동시에 안전과 성능이 보장된 의료기기를 개발하고 있는가.
둘째, 이 회사가 생산하는 모든 제품은 안전과 성능 부문에 있어 개발/인증 스펙에 부합하는가.
셋째, 사용자가 사용하는 모든 제품은 제조사가 제시한 안전과 성능 스펙을 충족하는가.
넷째, 고객불만을 포함한 고객 요구사항에 대해 개발 제조자는 적절히 대응, 피드백하는가.

그동안 FDA는 QSR 정기심사를 통해 두 번째, 세 번째 영역을 심사했고, 첫 번째 영역은 FDA 제품 인증 과정에서 대부분 심사 목적을 달성할 수 있다. 그렇다면 남은 것은 네 번째 고객불만 대응, 피드백 영역이다.

그렇다고, 나머지 영역을 소홀히 해선 곤란하다. 사전 점검을 통해 우리가 구축, 적용하고 있는 프로세스, 시스템이 잘 동작하고 있으며 그 과정에서 도출되는 산출물은 빠짐없이 보존 또는 기록되고 있는지 확인해야 한다.

이를 위한 TFT를 운영키로 함과 동시에, "내 생애 세 번째 FDA QSR 정기심사는 이렇게 시작되었다."

4년 전 TFT보다 규모나 운영 기간에서 상당히 개선된 모습이다. 그 당시엔 새로운 PDM 시스템 도입과 함께 기존 개발 문서, 데이터 등을 챙기고 누락된 것은 다시 생성해서 시스템에 입력시키는 작업을 병행했기에 그 규모와 운영 기간이 지금과는 비교도 되지 않을 만큼 크고 길었다.

품질경영실에서 합류한 직원들 주도하에 연구개발, 제조, 품질, 고객서비스 4개 영역에 대한 사전 진단을 실시했다. 4년 전 정기심사를 준비하면서 높은 수준의 의료기기 품질경영시스템을 구축, 운영해 오고 있었고 그동안 정기적인 내부 감사를 통해 점검을 해온 터라 사전 진단 결과는 대체로 양호한 편이었고, 부족한 부문 또한 발견되었다.

신제품 개발 과정에서의 일부 개발 데이터 및 문서의 소실 또는 시스템 등록이 누락되어 있었고, 고객 요구사항에 대한 설계변경 및 양산 적용에 있어 변경점 관리가 미흡했던 것이다. 전자의 경우는 실제 업무 담당자가 아닌 이상 이를 발견하기 어렵고, 지금과 같은 정기 점검을 통해 발견, 그때그때 미흡한 부문을 보완해 가면 될 것이나, 후자의 경우는 부적합품 추적, 장애예방조치에 있어 누락이 발생할 가능성이 높고 자칫 심각한 사고로 연결될 수 있기에 한 번 더 업무 프로세스와 체계를 점검해야 했다.

더군다나 금번 주 심사영역이 고객 요구사항에 대한 내부 처리 및 양산, 현장 적용까지로 예상되기에 업무 프로세스, 체계뿐만 아니라 주요 설계변경에 대한 양산 적용 일자, 적용 제품의 시리얼번호 등 변경점을 정확히 관리해야 한다.

왜 이런 일이 발생했는지 추적해 보니, 설계변경 이전 부품 재고 처리에 보완할 점이 있었다. 통상 설계변경 시, 기존 부품을 폐기, 업그레이드, 사용으로 분류, 처리하는데 선입선출되지 않았거나, 설계변경 시 기존 부품을 그대로 사용해도 되겠다고 판단한 부품이 제품 생산, 출하 후 Side Effect가 발생된 경우다.

이러한 이슈는 설계변경 및 양산 적용일만으로는 정확히 관리할 수 없으니 이와 함께 기존 부품이 사용되는 경우, 이를 채택한 제품 시리얼번호 이력에 포함, 시스템상에서 관리하는 것이 좋다.

이를 보완한 후 미국에 수출된 제품 및 모델별 주요 설계변경 이력과 함께, 양산 적용일, 기존 부품의 처리, 이미 공급된 제품을 대상으로 한 장애예방조치까지 시스템에서 확인이 가능했다.

금번 TFT에 연구소에서 파견된 인력 중 선임으로 소프트웨어팀장이 있었다. 4년 전 TFT에서 활동했던 연구소 팀장 중 금번 TFT에도 합류한 유일한 팀장이기도 하다. 팀원을 보낼 수도 있었을 터

인데 팀장이 직접 합류한 것이 의아하기도 하였다.

4년 전 TFT 활동 시 연구소는 기구, 전장 등 하드웨어는 물론 시스템 제어를 담당하는 펌웨어, 촬영 소프트웨어 등 전 영역에서 높은 수준의 설계, 문서작성 및 관리 프로세스, 체계를 수립하여 지금까지도 잘 유지하고 있었다.

그렇지만, 의료기기 품질경영시스템은 환자의 안전과 제품 성능의 유효성을 지속적으로 강화하는 방향으로 그 규제가 업그레이드되고 있고 특히, 위험관리(Risk Management), 소프트웨어 유효성 검증, 임상평가 3개 부문은 과거보다 높은 수준을 지속적으로 요구하고 있다.

하드웨어적 조치 외, 현재 대부분의 의료기기가 디지털화되어 있는 만큼 하드웨어 동작을 시스템 펌웨어 및 촬영 소프트웨어가 제어하기에 비정상 동작 시의 방어 조치 또한 설계에 반영되게 되고, 이런 시나리오 및 방어 조치가 기술문서로서 잘 정리되어야 한다. 이 부문이 어려운 이유는 사람마다 바라보는 수준 목표의 차이가 존재하고 누구는 충분하다고 판단한 결과가 다른 사람에게는 여전히 부족하다고 느껴질 수 있기 때문이다.

그가 금번 TFT에 합류한 이유는 강화된 규제 해석에 대한 사내 합의와 함께 검증 시나리오 및 프로토콜을 개정하고 이에 맞춰 기존 설계 및 유효성 검증 수준을 업그레이드하기 위함이었다.

심사 개시

금번도 지난번과 같이 FDA에서 온 심사원은 1명이고, 본사도 두 번째 정기심사다 보니 나름 노하우가 쌓여 대체로 차분한 분위기에서 심사를 시작할 수 있었다.

오전은 지난번과 동일한 프로토콜로 Kick-off 미팅, 회사소개, 회사투어 순으로 진행되었고, 다행스럽게도 금번 심사의 주 영역은 고객 요구사항 접수/처리 부문이었다.

거의 대부분의 의료기기 품질경영시스템 심사의 시작은 해당 직무의 업무 프로세스, 처리 기준, 권한에 관련된 내용이 문서로서 잘 정리되어 있는지이며, 현재 내가 맡고 있는 고객서비스본부 본연의 업무 영역이기도 하다.

미국 내 제품 사용자를 시작으로 1차 고객 대응을 하는 미국법인, 본사로 이어지는 고객 요구사항 접수부터 사안별 심사를 통한 분류(수정, 개선, 개발), 설계변경을 통한 양산 적용 및 현장 적용까지의 전체 프로세스 설명과 동시에 수많은 Q&A가 이루어졌고 특별한 이슈 없이 첫날 일정을 마무리했다.

2일 차 심사는 미국으로부터 접수된 고객 요구사항이 어디서, 어떻게 관리, 내부적으로 처리하고 있으며, 최종적으로 미국 고객에 적용, 피드백하였는지에 대한 세부 이력을 점검하는 것이었다.

어제 심사한 업무 프로세스 맵을 기초로 사내 고객관리시스템에서 미국법인으로부터 접수된 고객 요구사항 리스트를 필터링하고, 개별 고객 요구사항이 어떤 사안이었고, 수정/개선/개발 중 어떻게 분류되었으며, 설계변경을 통해 언제 양산에 적용하였고, 고객에게는 언제 적용하여 종결되었는지 시스템을 통해 확인시켜 주었다.

이런 과정에서 심사원은 수정, 개선, 개발 이 세 가지로 분류되는 기준과 처리에 대한 세부 절차를 한 번 더 확인함과 동시에 리스트로부터 이 세 가지 경우의 고객 요구사항 처리 이력을 보다 심도 있게 확인코자 하였다.

수차례 사전 점검을 하긴 했으나 혹여 처리 절차를 준수하지 않고 처리된 고객 요구사항이 있을 수 있기에 심사 내내 긴장을 늦출 수가 없었다.

다행히 큰 이슈 없이 2일 차 심사를 마무리하였다.

심사 종료

3일 차이자 심사 종료일이다. 어제에 이어 고객 요구사항 부문에 대한 심사를 진행했고, 오늘의 주 심사 영역은 장애예방조치 부문이다. 이 부문은 환자 위험도에 따라 대응 수준이 달라지기에 의료기기 품질경영시스템에서 중요하게 다루고 있는 영역이다.

특히, 제품 사용 중 해당 장애가 환자 또는 사용자에게 신체적 위해를 발생시킬 가능성이 있는 경우 이는 조치계획 수립부터 처리 결과까지 FDA에 자진 신고토록 되어 있다. 만약 그렇지 않고 제품 사용자가 FDA에 직접 신고하는 상황이 생기면 그다음부터는 여러 부문에서 골치 아픈 상황이 연출된다.

심사원은 우리 회사 최초이자 FDA 자진 신고 1호였던 5년 전 장애예방조치 사안에 대해 알고 싶어 했다. 이는 아마도 금번 주 심사 영역이 고객 요구사항 부문이고, 과거 FDA에 신고된 이력이 남아 있기에 한국에 오기 전 미리 파악하고 있었을 것이다.

이 장애예방조치는 내가 직접 조치 계획부터 이의 처리, 결과까지 품질경영실에 종합, 보고함과 동시에 종결한 케이스로 누구보다도 잘 알고 있었다.

이 사안은 환자 위험도가 높아 최단기간 내 전 세계에 설치되어 있는 모든 해당 장비에 장애예방조치 솔루션을 적용해야 했던 바, 한국은 물론이고 미국 포함 일부 국가는 본사에서 직접 직원들이 파견되어 처리하였고, 미국 FDA, 유럽 CE 포함 해당 제품이 공급된 모든 국가의 감독 기관에 계획부터 결과까지 신고해야 했다.

다행히 미국은 미처리 장비 없이 완료 신고하였으나, 최종 종료 보고 시 호주, 이라크, 러시아 각 1대씩 총 3대는 소재 불분명으로 미처리 보고되었다. 이는 단순히 미처리 보고로 끝낸 것이 아니며, 해당 국가 감독 기관으로부터 이 장비에서 발생하는 사고에 대해 제조사 책임이 면책된다는 확인서까지 받아 두었다.

최종 종료 보고로부터 3여 년 지난 시점 호주와 이라크에 설치된 장비의 소재가 파악되어 솔루션을 적용하였으나 현재까지도 러시아에 공급된 1대는 발견되지 않았다. 시간이 지나 한국에서 경쟁사로 견학을 간 사람으로부터 경쟁사 공장에 우리 제품 한 대가 거의 해체 상태로 놓여 있었다는 얘길 들었고 그 지역은 핀란드로 러시아와 가까운 곳이다. 아마 이 장비가 마지막까지 회사가 파악치 못한 그 1대일 것으로 예측한다는 농담 아닌 농담과 함께 본 심사를 마무리하였다.

종료 미팅과 함께 심사원으로부터의 피드백 시간이 다가왔다.

"이번엔 어느 부문에서 피드백이 발생할까?" 하는 의구심을 가지고 지켜보았으나 본인의 심사 소회 및 특별한 피드백 없이 현재의 업무 프로세스 및 시스템을 잘 지키고, 업그레이드해 달라는 코멘트를 마지막으로 미팅을 종료하였다.

이렇게 나의 세 번째 FDA QSR 정기심사는 종료되었다.

제 2 장

의료기기 품질경영시스템은 무엇인가

ISO 13485는 무엇인가

FDA QSR, CE MDD/MDR, MDSAP, GMP

나의 두 번째 FDA QSR 정기심사이자 한국 본사에서의 첫 번째 FDA QSR 정기심사가 끝난 후 회사는 다소 어수선한 분위기가 형성되었다. 심사 범위와 수준에 비해 과도할 정도의 내부 자원이 투입되었다는 의견과 금번 심사를 계기로 회사 의료기기 품질경영시스템이 한 단계 업그레이드되었다는 의견으로 나뉘었다.

전자는 연구개발 부문 심사 준비를 위해 TFT에 합류한 연구소 자원이 가장 많았던 데다 기간도 오래 소요되어 신제품 출시 및 양산 제품의 개선, 개발 일정이 모두 재조정되는 상황을 감내해야 했고 이로 인해, 영업, 마케팅, 연구소 불만이 많았다.

후자는 그동안 회사 성장 속도에 비해 구조적 시스템이 따라가지 못해 품질 문제가 증가하고 있었는데 금번 심사 준비를 하면서 IT 시스템 도입 및 기존 데이터 입력을 통한 지적 자산 보존 및 보호, 이에 더해 전사 전 영역에 걸친 프로세스 정립을 통한 업무 체계 고도화 및 품질 향상이라는 성과가 분명하고 이는 제조, 품질,

기술지원 조직으로부터 좋은 반응을 얻었다.

나는 논공행상과 같은 이 상황을 지켜보면서 두 가지 의문이 생겼다. 하나는 "**현재 우리의 품질경영시스템은 현업에 적합하며 지속 가능한가?**"이고, 다른 하나는 "**우리 제품의 안전과 성능은 시장 요구에 부합하고, 고객 가치를 제공하고 있는가?**"였다.

내 결론은 둘 다 아니었다.

연구소는 여전히 금번 정립된 연구개발 프로세스 및 산출물 등이 현실과 동떨어져 있다 생각하고 있었고 나 역시도 어느 정도 이 의견에 동의한다. 이와 같은 상황은 문서 속의 업무 프로세스와 실제 현업에서의 활동이 동기화되지 못하고 결국 제품 성능과 품질에 영향을 미치게 된다.

여기에 더해, IEC 60601 Edition 3.0/3.1 적합성 확보라는 시장 요구사항을 달성해야 했기에 연구소는 신제품은 물론이거니와 기존 양산 제품에 대한 대대적인 설계변경을 진행해야 한다.

미국법인 근무 3년 차에 접어들 즈음 나 역시도 고객으로부터 기존과는 다른 차원의 품질 문제에 직면하고 있었고, 이를 해결하는 과정에서 우리 제품이 모델별로 다른 플랫폼이 적용되어 하나의 이슈를 해결하는 데 오랜 시간이 소요되고 있음을 인지하였다.

오랜 고민 끝에 직접 연구소로 들어가 제품 플랫폼 표준화와 함께 IEC 60601 Edition 3.0/3.1 적합성 확보 및 지속 가능한 연구개발 프로세스를 정립하겠다고 회사 경영진에 보고, 차기 연도 사업계획과 함께 조직 개편으로 나는 연구소 기획으로 자리를 옮기고, 그동안 품질 조직에 있던 신뢰성시험과 인증 조직을 산하에 배치,

업무 효율성을 제고키로 하였다.

연구소로 옮긴 후 가장 먼저 그동안 고객으로부터 접수한 미해결 고객 요구사항을 종합, 분류하고 각 항목마다 연구개발, 제조, 품질, 고객서비스, 영업마케팅으로 해결해야 할 조직을 선정하였다.

지금부터는 설득과 공감의 시간이다. 최대한 객관성도 유지해야 한다. 고객 요구사항에 대해 흔쾌히 자기 조직이 해결해야 한다고 동의하는 항목도 있으나, 그렇지 않은 항목도 상당수 존재했기 때문이다. 이와 같은 그레이 영역을 잘 정리해야 향후 같은 유형의 고객 요구사항이 접수되었을 시, 논쟁 없이 업무 프로세스가 동작할 수 있다.

해결 주체를 선정하는 과정에서 나는 품질경영실의 참여를 요청하였다. 이는 금번을 계기로 고객 요구사항이 회사로 입력되는 순간부터 이의 해결을 위한 전체 업무 프로세스, 지침을 최대한 현업과 동기화시키기 위함은 물론 의료기기 품질경영시스템에서 요구하는 수준을 달성코자 하였다.

이 과정에서 고객서비스 조직은 전사 CRM(Customer Relationship Management) 시스템을 통합, 고도화하기로 하였고 1년 후 연구소에서의 플랫폼 표준화가 어느 정도 마무리된 시점에 나는 이 CRM 시스템 구축 프로젝트의 리더가 되었고, 고객으로부터의 요구사항은 물론 장애 처리, 제품 사용 현황 등 고객 현황을 본사는 물론 법인, 대리점 등 모든 조직이 실시간 모니터링할 수 있게 하였다.

품질경영시스템에서 요구하는 수준과 현업에서 지속 가능한 수준을 동기화시키는 작업은 쉽지 않았다. 거의 모든 사안에 대해 이

견이 발생했고, 논의 과정에서 나는 의료기기 품질경영시스템이 무엇이고, 어떠한 규제 항목이 있으며, 각 규제 항목은 무엇을 요구하고, 어느 수준을 달성해야 하는지 알기 위해 처음으로 ISO 13485 Medical Devices-Quality Management Systems-Requirement 전문을 정독하게 되었고, 이것이 향후 10여 년 동안 나의 회사 내 주요 직무 중 하나로 자리 잡는 계기가 될 줄 당시에는 미처 상상하지 못했다.

ISO 13495는 무엇인가

ISO 13485 의료기기 품질경영시스템은 의료기기 제품과 서비스 설계/개발부터 이의 생산, 설치/폐기까지 전 과정 중, 하나 이상의 활동에 연관된 조직이 채택, 운영해야 할 품질경영시스템이며, 이 조직에 원부자재 포함 각종 서비스 제공자 또는 이해관계자에게도 요구될 수 있다.

즉, 의료기기와 관련된 행위를 영위하는 모든 조직(회사)이 채택, 운영해야 하는 품질경영시스템이다.

ISO 13485는 무엇이 특별한가

ISO 13485는 ISO 9001을 기반으로, 의료기기의 하나 또는 그 이상의 전 과정 단계에 포함된 조직에 품질경영시스템 적용을 위해 다음과 같은 특정 요구사항을 포함한다.

- 4.2.3 의료기기 파일
- 7.5.2 생산 및 서비스 공급, 제품의 청결
- 7.5.3 생산 및 서비스 공급, 설치 활동
- 7.5.4 생산 및 서비스 공급, 서비스 활동
- 7.5.5 생산 및 서비스 공급, 멸균 의료기기를 위한 특정 요구사항
- 7.5.7 생산 및 서비스 공급, 멸균과 멸균 시스템의 프로세스 유효성 확인을 위한 특정 요구사항

4.2.3 의료기기 파일

의료기기 파일(문서)을 보존해야 하며, 다음 사항을 포함해야 한다.

- 의료기기의 일반 개요, 의도된 사용목적, 라벨링, 사용설명서
- 제품 스펙
- 제조, 포장, 보관, 취급 및 배송을 위한 스펙 또는 절차
- 측정과 모니터링을 위한 절차
- 설치에 대한 요구사항
- 서비스 절차

7.5.2 생산 및 서비스 공급, 제품의 청결

다음의 경우, 조직은 제품의 청정도 또는 제품의 오염관리에 대한 요구사항을 문서화해야 한다.

- 제품이 멸균 또는 사용 전에 조직에 의해 세척되는 경우
- 제품이 멸균 또는 사용 전에 세척될 수 없고, 세척이 사용에 중요한 경우
- 제품이 멸균되지 않은 상태로 제공되고, 제품의 청정도가 사용에 있어 중요한 경우
- 처리제 등이 제품 제조 동안에 제거되도록 되어 있는 경우

7.5.3 생산 및 서비스 공급, 설치 활동

- 조직은 의료기기 설치와 설치의 검증을 위한 합격기준에 대한 요구사항을 문서화해야 한다.
- 합의된 고객 요구에 의해 조직이나 공급자가 아닌 다른 외부기관에 의한 의료기기 설치가 허용된다면, 조직은 의료기기 설치와 설치 검증을 위해 문서화된 요구사항을 제공해야 한다.
- 조직 또는 공급자에 의해 실시된 의료기기 설치와 설치 검증의 기록은 유지되어야 한다.

7.5.4 생산 및 서비스 공급, 서비스 활동

- 의료기기에 대한 서비스가 규정된 요구사항으로 조직은 필요한 경우 제품 요구사항을 충족하는 서비스 활동과 검증 활동을 수행하기 위하여 서비스 절차, 참조 자료, 참조 측정 방법을 문서화해야 한다.
- 조직은 다음 사항을 위하여 조직 또는 공급자에 의해 수행된 서비스 활동의 기록을 분석해야 한다.
  - 정보가 불만으로 처리되는지를 결정하기 위함
  - 개선 프로세스의 입력을 위함
- 조직 또는 공급자에 의해 수행된 서비스 활동의 기록은 유지되어야 한다.

7.5.5 생산 및 서비스 공급, 멸균 의료기기를 위한 특정 요구사항

- 조직은 각 멸균 Batch 별 멸균 조건값의 기록을 유지해야 한다.
- 멸균 기록은 의료기기 각 생산 Batch에 대하여 추적할 수 있어야 한다.

7.5.7 생산 및 서비스 공급, 멸균과 멸균 시스템의 프로세스 유효성 확인을 위한 특정 요구사항

- 조직은 멸균 및 멸균 시스템의 프로세스 유효성 확인을 위한 절차를 문서화해야 한다.
- 멸균 및 멸균 시스템을 위한 프로세스는 시행 전에 그리고 적절한 경우, 후속 제품 또는 프로세스 변경 전에 유효성 확인이 이루어져야 한다.
- 유효성 확인 결과 및 결론, 그리고 유효성 확인으로부터 필요한 조치 기록이 유지되어야 한다.

ISO 13485 의료기기 품질경영시스템은 무엇(요구사항)을 해야 하는가

ISO 13485:2016 제4조 품질경영시스템부터 제8조 측정, 분석 및 개선까지 의료기기 해당 조직에 요구하는 일반 및 직무별 요구사항이 정리되어 있고, 현업 조직에서 무엇을 해야 하는지는 다음과 같이 4 영역으로 구분할 수 있다.

연구개발 및 검증/유효성 확인

- 연구개발 프로세스, 프로세스, KM, 목표, 산출물, 권한과 책임이 정리된 문서
- 특정 제품을 모델로 도출해야 할 산출물 점검
  - 개발계획서
  - 설계 및 개발 문서
  - 기술문서(Risk Management, Validation Report 중심)
  - 신뢰성 시험/검증 문서
  - 성능평가서
- 제조 위한 이관 문서

생산 시설(IQC~공정~OQC) 및 생산품(성능/이력), 보관

- 제품 생산 프로세스. 프로세스, 세부공정, 작업표준, 권한과 책임이 정리된 문서
- 생산 시설(공정 구분/표식, 공정별 작업표준서) 및 환경(먼지/온도/습도/멸균) 점검
- 생산 시설에서 사용하는 설비(Jig, Phantom, 측정장비, 소프트웨어) 및 이의 유효성 검증 문서 및 내역(설비 자체의 검증 내역 필수)
- 생산 제품의 안전과 성능 확인 문서
- 부적합 부품/제품 처리 절차 및 구분/표식
- 생산 제품 보관 조건/구역/표식

출하 제품의 추적(설치 포함)/사용자 유효성 확인

- 출하 제품의 배송부터 설치까지의 이력 및 조회 시스템
- 제품 설치 시, 제품 성능/유효성 확인 문서
- 사용자 제품 모니터링 및 사용 시, 제품 성능/유효성 확인 문서
- 고객만족도 조사/분석/피드백 프로세스 및 시행 사례 점검

고객 요구사항(고객불만 포함) 접수/처리/피드백

- 고객 요구사항(고객불만 포함) 접수/처리 프로세스, 판단 기준, 권한과 책임이 정리된 문서
- 고객 요구사항(고객불만 포함)이 체계적으로 수집/관리/피드백 되고 있는지, 사례를 통해 설계변경/검증/유효성 확인, 제조로의 이관/적용, 해당 고객 적용/예방조치 여부 점검
- 고객 요구사항 처리 현황 모니터링/분석/대응 체계 확인

ISO 13485 전문을 이해한 후, 품질경영실과 수차례 미팅을 통해 제품 플랫폼 표준화와 함께 앞서 언급한 4영역에서의 품질경영 시스템 요구사항을 모두 반영, 조직 전체의 품질경영시스템을 고도화하기로 하고, 나는 연구개발 및 검증/유효성 확인, 출하 제품의 추적(설치 포함), 사용자 유효성 확인과 고객 요구사항(고객불만 포함) 접수/처리/피드백 영역을, 품질경영실은 생산 시설(IQC~공정~OQC) 및 생산품(성능/이력), 보관 영역을 맡기로 하였다.

연구소 어디에도 연구개발 프로세스와 산출물 등이 정리되어 있는 문서를 찾을 수가 없었다. "지금까지 프로젝트 관리는 무엇을 근거로 이루어졌을까?"라는 의문이 들긴 했지만, 이번 기회에 모든 구성원이 한눈에 볼 수 있는 연구개발 프로세스 맵을 만들기로 하고, 설계 및 개발 부문 ISO 13485 요구사항을 한 번 더 확인했다.

ISO 13485 의료기기 품질경영시스템 심사 및 인증

의료기기의 품질은 사용자, 환자 또는 연관된 사람의 안전뿐만 아니라 제품의 성능, 유효성에 직접적인 영향을 미친다. 이에, 모든 국가는 의료기기 제조자뿐만 아니라 이와 관련된 모든 회사의 품질경영시스템에 대해 독립적인 심사 및 검증을 받도록 요구하고 있다.

ISO 13485 요구사항은 유럽연합(EU) 의료기기 지침의 필수 요구사항과도 일치하며, 미국 FDA QSR과도 그 내용이 대부분 동등하다. 또한, 대부분의 국가는 자국 내 수입 허가 심사 시, 제조사의 ISO 13485 의료기기 품질경영시스템 인증을 요구한다.

ISO 13485는 언제 심사를 받아야 하나

- 정기 심사: 3년마다(만료일 전에 심사/인증 취득 필요)
- 간이 심사: 1년마다(정기심사가 없는 연도 심사)
- 수시 심사: 신 제품(품목) 출시 시, 또는 제조 시설 확장/이전/신규 구축 시
  - 동일 품목의 신 제품(모델) 출시 때는 필요치 않음.

지금까지 ISO 13485 의료기기 품질경영시스템이 무엇인지, 무엇을 해야 하는지 알아보았다. 여러분들이 어떻게 느끼고 이해했을지 궁금하다. "해야 하는 일이 왜 일이 많지? 어떻게 해야 하지?" 다양한 의견이 있을 것이다.

당황할 필요가 없다. ISO 13485 전문을 차근차근 읽고 해석하다 보면 어떻게 해야 할지에 대한 여러분의 고민은 하나씩 해결될 것이며, 이 국제 규격이 충분한 가이드의 역할을 제공할 수 있다고 나는 확신한다.

참고 ISO 13485:2016 의료기기 품질경영시스템 부문에 규격 전문과 함께 현업에서 어떻게 적용하는지 기술하였으니 참고하길 바란다.

FDA QSR, CE MDD/MDR, MDSAP, GMP

ISO 13485 의료기기 품질경영시스템 외, 1장에서 언급한 FDA QSR 과 CE MDD/MDR, MDSAP, GMP와 같이 명명된 다양한 의료기기 품질경영시스템 규격이 존재하고, 국가마다 하나 또는 그 이상의 인증을 요구하고 있다.

예를 들어, 미국의 경우 ISO 13485를 시작으로 FDA QSR 정기 심사를 진행하고, 최근에 들어서는 MDSAP으로 명명된 품질경영 시스템 인증을 요구하기 시작했다.

상황이 이렇다 보니 의료기기 관련 조직은 위 5가지 종류의 의료기기 품질경영시스템 인증을 획득, 유지하기 위해 1년 내내 심사를 진행하느라 바쁜 시간을 보낸다.

나는 여기서 두 가지 의문이 생겼다. 하나는 "ISO 13485와 기타 국제규격 간 차이점은 무엇인가?"와 다른 하나는 "왜 ISO 13485 외 추가적인 인증을 요구하는가?"였다.

ISO 13485와 기타 국제규격 간 차이점은 무엇인가

결론부터 말하자면, "차이점은 없다." 의료기기 품질경영시스템 Consulting 회사 입장에서 나의 결론을 보면 무슨 허무맹랑한 소리냐고 할 수 있겠지만, 그럼에도 불구하고 나의 입장에는 변함이 없다.

이를 채택하고, 유지해야 하는 의료기기 조직 입장에서 보면 '이 모든 인증을 개별적으로 준비하고 대응해야 할까?' 그렇지도 않고 그렇게 해서도 안 된다.

ISO 13485와 FDA QSR, GMP는 100% 동일하다고 봐도 무방하며, CE MDD/MDR, MDSAP의 경우 99% 동일하고, 나머지 1%는 위험관리(Risk Management)와 유효성(Validation, 임상평가, 성능평가) 부문에서 ISO 13485보다 구체적으로 기술한 것으로 이해하는 것이 좋겠다. 왜냐하면, 의료기기 분야 모든 국제규격은 의료기기의 안전과 성능을 보장하고 향상시키기 위한 방향으로 꾸준히 개정되기 때문이다.

의료기기 조직은 ISO 13485:2016을 기준으로 CE MDR, MDSAP에서 요구하는 내용을 반영하여 품질경영시스템의 수준을 결정하고, 이를 구축한다면 상당히 높은 수준의 의료기기 품질경영시스템을 확보할 수 있다.

마지막으로 국제규격을 해석, 적용함에 있어 소극적 대응보다는 모든 의료기기 국제규격은 항상 그 정도를 강화하는 방향으로 업데이트됨을 인지하고 보다 적극적 해석, 대응이 필요함을 한 번 더 강조하고 싶다.

왜 ISO 13485 외 추가적인 인증을 요구하는가

두 가지 측면의 해석을 하고 싶다. 이중 규제이기도 하고, 인증 기관의 신뢰도 이슈도 공존한다.

ISO 13485, CE MDD/MDR, MDSAP은 EU 또는 해당 국가에서 지정한 의료기기 인증기관, 소위 NB(Notified Body)라 불리는 기관으로부터 심사/인증을 획득하게 된다.

만약, ISO 13485 NB 기관이 심사를 철저히 하고, 이에 의료기기의 가장 중요한 고객 가치인 안전 및 성능이 보장되었다면 거의 동일한 요구사항의 추가적인 품질시스템 인증을 요구하였을까? 그렇지 못했다. 이에 별도의 인증과 함께 보다 강화된 자격요건을 갖춘 NB 기관을 지정, 심사토록 하였다. 의료기기 업체 입장에서 보면 이중 규제로 해석할 수 있다.

의료기기 업체는 가능한 한 시장 내 신뢰도가 높은 NB 기관으로부터 의료기기 품질경영시스템 심사 및 인증을 확보할 것을 추천한다.

FDA QSR, GMP는 인증기관이 아닌 해당 국가의 정부기관이 직접 심사/인증을 부여한다. FDA는 미국에서 직접 방문, 정기심사를 통해 해당 회사의 품질경영시스템 전반을 점검하며, 브라질(B-GMP)은 정부기관 담당자가 제품 인허가 절차 진행 과정 중 심사를 진행한다. ISO 13485 인증에 대한 신뢰도 이슈로 볼 수 있다.

우리나라 또한 K-GMP라고 하여 ISO 13485와는 별개의 품질경영시스템 심사/인증을 진행한다.

MDSAP은 무엇인가

MDSAP(Medical Device Single Audit Program), 의료기기 단일 심사 프로그램으로 명명된, 하기 5개 국가가 참여한 의료기기 품질경영 시스템이다.

- 호주 의약품청(TGA, Australian Therapeutic Goods Administration)
- 브라질 보건관리당국(ANVISA, The Brazilian National Health Surveillance Agency)
- 캐나다 보건부(HC, Health Canada)
- 미국 FDA 의료기기 방사선 보건센터(US FDA, CDRH, Center for Devices and Radiological Health)
- 일본 후생노동성(MHLW, Japan Ministry of Health, Labor and Welfare)

2024년 현재 기준 호주, 캐나다로 의료기기를 수출코자 하는 의료기기 업체는 ISO 13485 인증과 별개로 MDSAP 인증을 취득해야 하며, 미국, 브라질, 일본은 아직 필수는 아니니다.

상기 5개 국가 중, 제품 인증 진행 과정 중(브라질) 또는 제품 인증 후 정기심사(미국)를 통해 의료기기 회사의 품질경영시스템을 직접 심사를 하는 곳도 있으나, 호주/캐나다/일본의 경우는 그렇지 않다. 직접 심사를 대신하여 채택한 것이 MDSAP이다.

제 3 장

의료기기 제품 개발 및 유효성 확인

통합 연구개발 프로세스

설계 표준 확보

제품 시험/검증 및 유효성 확인

통합 연구개발 프로세스

통합 연구개발 프로세스의 완성은 회사 전 영역에 긍정적 반향을 일으켰다.

모든 연구개발 프로젝트의 시작은 무엇이며, 어떠한 정보가 입력되어야 하고, 어느 부서에서 어떠한 산출물이 어느 수준으로 도출되어야 한다는 공통 인식을 갖게 되었고, 각 부서마다 계획된 기일 내 최고 품질의 산출물을 내기 위한 노력이 시작되었다.

또한, 단계별 Gate Keeping을 통해 어느 부서, 어느 부문에서 프로젝트 진행의 어려움을 겪고 있는지 파악하게 되고, 유관부서 협조를 통해 이를 극복해 나가는 순기능이 작동했다. 지속 가능한 프로세스가 동작하고 있음을 보여주는 것이다.

여기서는 통합 연구개발 프로세스 단계 및 단계별 달성해야 할 목표, 그리고 각 단계별 산출물에 어떠한 내용이 담겨야 하는지 살펴보겠다.

통합 연구개발 프로세스는 총 5단계로 구분하였다.

1단계는 "설계 및 개발 계획서 확보"를 목표로 한 제품 개발 기획 단계이다.

상품기획을 담당하는 조직은 영업/마케팅뿐만 아니라 제조, 품질, 고객서비스 등 사내 조직과 고객(시장)으로부터의 요구사항을 반영한 MRS(Market Required Specification) 작성을 시작으로, 프로젝트 기획 조직은 Design Rendering, FRS(Function Required Specification), SRS(Software Required Specification) 등이 포함된 설계 및 개발 계획서를 확보한다.

2단계는 "설계 및 개발 계획서에 기술된 모든 기능 및 성능을 충족하는 제품 개발 완료"를 목표로 한 제품 개발 단계이다.

기능 및 성능 요구사항 충족뿐만 아니라 원가 경쟁력 확보, 구매, 생산, 서비스 및 사용자 편의성은 물론 임상과 제품 인증 적합성을 확보해야 하며, 제조와 품질 조직에서의 검증 방법, 도구, 합격기준 또한 제공해야 한다.

2단계까지가 연구소 조직의 실질적인 제품 개발 단계이며, 3단계부터는 품질, 생산기술, 서비스 조직으로 주관부서가 변경된다. 1단계 Gate Keeping도 중요하지만 2단계 Gate Keeping이 훨씬 중요하다. 만약, 미흡한 사안이 발견될 경우 3단계로의 변경은 신중히 검토, 결정해야 한다. 3단계 진행 중 부품 또는 성능이 변경될 경우 3단계를 다시 시작해야 하는 상황이 빈번히 발생한다.

3단계는 "개발 제품의 신뢰성 확보"를 목표로 한 제품 시험/검증 및 유효성 확인 단계이다.

3단계는 여러 조직에서 다양한 활동을 동시 진행하게 된다. 연구소는 제조 이관, 품질 조직은 부품/제품 내구성 시험은 물론 기능과 성능 적합성, 오류는 없는지를 검증하고, 인증 조직은 의료기기 시험 및 인증기관에 제품 인증을, 마케팅은 임상평가 및 제품광고 준비, 생산기술 조직은 생산성 향상을 위한 제조기술/설비 확보, 품질 조직은 IQC/OQC 검사기준/설비 확보, 고객서비스 조직은 서비스 교육을 시작한다.

특히 제품 인증의 경우, 시장별 제품 출시 전략/일정과 밀접한 관계를 가지고 있으니 인증별 취득 전략을 잘 수립하고 진행해야 한다.

4단계는 "양산 유효성 확보"를 목표로 한 PILOT 생산 단계이다.

구매/조달 품목의 품질과 성능을 보장할 수 있는 솔루션뿐만 아니라 IQC/공정/OQC 제조 전 과정의 Workflow, 작업표준, 설비/도구 등의 검증과 함께 목표로 한 제품의 성능/품질 및 수율을 달성하여 양산 유효성을 확보한다.

위와 같은 제조/품질 부문 활동 외 고객서비스 조직은 거래선 대상 서비스 교육 및 자재 조달 체계를 확보하고, 영업/마케팅은 제품 출시 시기를 확정하고, 거래선과 본격적인 영업/마케팅 활동을 개시한다.

5단계는 "생산 수율 및 생산 목표 달성"을 목표로 한 제품 양산 단계이다.

제조 경쟁력을 확보하기 위해 제조 전 영역에 걸친 개선 활동을 통해 생산 수율을 높이고, 생산성을 향상시켜 제조 원가 경쟁력을 확보하고 목표로 한 생산량을 초과 달성할 수 있도록 해야 한다.

제품 개발 기획

의료기기 제품 개발 기획의 가장 중요한 활동은 정보 수집과 이를 기초로 한 설계 및 제품 개발 계획서를 확보하는 것이다.

그렇다면, 확보해야 할 정보는 어떤 것이 있을까? 다음과 같이 나열해 보았다.

- 개발코자 하는 제품과 동일한 제품이 시장에 있는가? 있다면, 관련 정보(사이즈, 지원 기능, 성능, 가격 등) 수집
- 시장/고객(내부고객. 즉, 영업/마케팅/서비스/제조/품질)의 요구사항은 무엇이 있는가?
- 차별화된 고객 가치는 무엇이 있는가?
- 인허가 정보(의료기기 여부, 등급, 임상시험 진행 여부, 소요시간/비용 등)

더 많은 정보를 수집하는 것이 좋겠지만, 위에 언급한 정보는 제품 기획을 위한 최소 정보라고 말할 수 있으며, 이를 문서로서 잘 정리한 것을 우리는 MRS(Market Required Specification)이라고 칭한다. MRS의 확보, 이것이 제품 기획 단계의 첫 번째 KM(Key Milestone)이다.

MRS를 기초로 연구개발부서에서는 개발 계획을 수립하게 되는데, 설계 및 개발 계획서는 어떤 내용들을 포함하고 있어야 하는지 살펴보자.

- 제품 사용 목적
- 제품의 기계적(제품 사이즈/무게 등), 전기적 안전성 기준
- 제품의 기능(FRS, Function Required Specification)
- 제품의 성능(Performance)
- 소프트웨어 요구사항(SRS, Software Required Specification)
- 제품 개발부터 양산까지의 일정 계획
- 제품 디자인 초안
- 임상시험 프로토콜(필요시)

위의 내용들을 아주 상세히 기술해서 완성하는 것이 중요하다. 그래야만, 개발 과정에서의 여러 시행착오를 최소화할 수 있고, 무엇보다 개발 일정 및 제품 인허가 과정에서의 변경으로 인한 재시험과 같은 상황을 회피할 수 있다.

제품 개발

제품 기획 단계에서 확보한 제품 설계 및 개발 계획서를 기반으로 ES(Engineering Sample)을 확보하는 것이 제품 개발 단계에서의 목표이자 산출물이다. 제품 개발 단계는 연구개발부서만의 활동이라는 편견은 접어두길 바란다.

연구개발부서가 제품 개발을 진행하는 동안 유관부서는 다음과 같은 활동을 진행해야 한다.

- 품질/신뢰성시험: 부품/제품 적합성(시험항목/기준/도구 등) 확인 솔루션 확보
- 생산기술: 양산 적합성 및 향상 방안 도출(테스트 지그/소프트웨어 확보), 제품 합격 기준
- 교육/서비스: 사용 및 사후 서비스 용이성 확보, 서비스 매뉴얼 초안 확보

제품 개발을 진행하는 동안, 유관부서들의 정기적 Gate Keeping 활동을 적극적으로 진행할 것을 추천하며, 이의 활동을 기록해 두어야 한다.

이 활동이 얼마만큼 정교하게 이루어지냐는 결국 그 조직의 조직역량을 보여주는 척도이기도 하다. 또한, 설계 및 개발 계획서상의 안전, 기능, 성능의 요구사항을 충족했을 때 제품 개발 단계 완료를 선언하는 것이 좋겠다.

간혹, 다음 단계인 제품 검증 및 유효성 확인 단계에서 위 목표를 달성하면 된다고 생각하는 경우가 있는데 이것은 참으로 위험성 발상이다. 내부 갈등은 물론이거니와 자칫 설계를 다시 해야 하는 상황에 직면하게 되고, 결국 제품 검증 및 유효성 확인 단계는 한없이 길어질 수밖에 없다.

TIP. 소프트웨어 설계 및 개발

의료기기로서 소프트웨어는 다음 4가지 유형으로 구분할 수 있다.

- 촬영 소프트웨어(일명, Console Software)
- 뷰어(Viewer)
- 정보관리 소프트웨어(Data Management Software)
- 정보 저장 솔루션(Data Server and Storage)

위와 같은 유형의 소프트웨어는 어떻게 설계하고 개발하는 것이 좋을까? 두 가지를 고려하는 것이 좋겠다.

첫째, 촬영 소프트웨어를 제외한 나머지 유형은 반드시 단독으로 실행, 데이터 입력/조회/저장할 수 있도록 설계하는 것이 좋겠다. 인증 진행 시, 독립적인 소프트웨어임을 증명하기 용이하며, 자칫 전체를 묶어 인증을 진행해야 하는 경우를 예방할 수 있다.

둘째, 4가지 유형 모두 개별적으로 언제든지 타사 솔루션과 연동을 할 수 있도록 설계하고, API(Application Interface)도 함께 개발해 두는 것이 좋겠다. 이미 제품 사용자가 정보관리 소프트웨어/뷰어/정보 저장 솔루션을 사용하고 있다고 가정해 보자. 실제 필드에서는 이런 경우가 대부분이다. 이런 경우, 사용자는 제품과 제품 제어 소프트웨어인 촬영 소프트웨어의 연동을 요구할 것이고, 이에 대한 대비가 없는 경우, 제품 판매를 하지 못하는 상황에 직면한다. 이와는 반대로 사용자가 새로운 제품을 사용하고 싶을 때 역시 배타적이지 않게 타사 장비와도 쉽게 연결할 수 있으면 좋지 않겠는가.

제품 시험/검증 및 유효성 확인

의료기기 제품 개발의 모든 단계와 과정이 중요하겠지만, 이 제품 검증 및 유효성 확인 단계야말로, 조직의 전 역량이 투입되는 가장 중요한 단계이자, 제품 성능, 품질, 양산성을 확보할 수 있는 마지막 단계라고 해도 무방하다.

그렇다면, 이 제품 검증 및 유효성 확인 단계에서 이뤄져야 하는 주요 활동은 무엇이며, 달성해야 할 부문별 목표는 무엇인지 기술해 보자.

- MRS 요구사항 및 설계/개발 계획서 상의 기능 및 성능 목표 충족 여부 확인
- 규제적 요구사항 충족 여부 확인
- 부품/제품의 성능 및 내구품질 확보
- 제품 시험 및 인증
- 임상 평가 및 유효성 확인
- PILOT 생산 솔루션(설비, 작업표준, 교육 등) 확보

개발 제품 검증 및 유효성 확인이 마무리되었다면, 실질적인 제품 개발은 완료된 것으로 간주해도 무방할 것이다. 지금부터는 제품 생산을 위한 단계이다. 이 단계의 목표는 수율 및 생산성 확보가 그 목표가 되어야 할 것이다. PILOT 생산 단계에서의 주요 활동 및 목표에 대해 기술해 보자.

- 제조 공정 솔루션(Workflow, 설비, 작업표준 등) 검증
- 공정별 CAPA Balance 및 작업시간/숙련도 검증
- 생산 제품의 성능 및 수율 검증
- 제품 양산

PILOT 생산이 완료되었다면, 이제 우리는 본격적인 생산을 시작할 준비가 되었다. PILOT 생산 단계에서 측정/검증된 생산 workflow, 수율을 감안한 목표 생산량을 달성할 수 있는 설비/인력을 확보한다.

양산 제품의 성능, 내구품질 검증 및 생산성 향상 노력은 제품 양산이 이루어지는 동안 끊임없이 이루어져야 함은 두말할 나위 없다.

마지막으로, 의료기기의 특성상, 다품종, 소량 생산을 해야 하는 현실적 문제가 실제 현업에서는 자주 발생한다. 이와 같은 산업적 특성을 고려하여 제품 개발 및 검증, 양산 준비 시 표준화, 공용화를 항상 염두에 두어야 조달부터 생산, 사후 서비스까지 전 영역에 거쳐 효율성의 극대화를 이룰 수 있다.

TIP. 연구개발 산출물 완성도 제고 방안

통합 연구개발 프로세스 완성은 내게 또 다른 도전 과제를 가져다주었다. 산출물을 문서로서 도출해야 하는 현업 모든 부서에서 어떻게 하면 양질의 문서를 작성할 수 있는지에 대한 문의가 끊임없이 이어졌고, 이것이 바로 달성해야 할 수준 목표 중 하나인 것이다.

품질경영실과 함께 외부업체로부터 Consulting을 받고 있었지만 어느 곳으로부터도 현업 부서가 만족할 만한 수준의 도움은 주지 못하고 있었다.

나는 먼저 품질경영실과 Consulting 업체에 산출물별 참조할 만한 Golden Sample 제공과 함께 사내에서 동원할 수 있는 문서작성 및 기술 이해 역량이 우수한 직원을 선정, 주요 부서에 배치하였다.

문서 작성을 위한 기본 문서 양식을 확정하고, 목차별 어떤 내용이 들어가야 하는지를 요약한 후, 우리 제품에 맞는 내용을 현업부서와 함께 하나씩 채워나갔다. 수정에 수정을 거듭하면서 산출물의 수준은 꾸준히 향상되었다.

결과적으로 문서를 잘 작성해야 한다는 원론적인 말만 현업에 할 경우 이는 시간 낭비일 뿐만 아니라 체계가 잡히지 않아 양질의 문서를 도출할 수 없다. 한 번쯤은 위와 같은 협업을 통해 스스로 자신의 산출물을 문서로 작성할 수 있는 역량을 갖추도록 도와주는 것이 업무 연속성 제고를 위한 좋은 방안이라 생각한다.

설계 표준 확보

통합 연구개발 프로세스 완성 후, 고객 요구사항 및 IEC 60601 Edition 3.0/3.1 적합성 확보를 위한 제품 플랫폼 표준화 프로젝트 기획을 본격적으로 시작하였다. 처음 이 프로젝트를 구상하고 초안을 작성한 지 2년이라는 시간이 흘렀다.

그동안 시장으로부터 다양한 품질 이슈에 직면하였고 체계적이지 못한 대응으로 회사 전반의 경영지표는 최악의 수준까지 떨어진 상태였다. 플랫폼 표준화를 위한 첫걸음으로 먼저 주요부문의 설계 및 개발을 위한 표준 스펙을 정하고, 연구개발 프로세스에 맞춰 개발 진행, 목표로 한 수준의 산출물을 도출하면서 회사 전체의 품질경영시스템 고도화를 동시에 달성하겠다는 목표를 수립하였다.

의료기기는 사람 또는 동물에게 사용되는 제품으로 어느 산업군의 제품보다 안전해야 하며, 임상적 유효성을 담보하는 수준의 성능을 갖춰야 한다. 즉, 의료기기는 일정 수준 이상의 안전과 성능을 보장해야 하며, 이를 객관적으로 증명할 수 있어야 한다.

여기서는 Dental Extraoral X-ray 장비를 사례로 어떻게 설계 표준을 확보하였는지 기술해 보겠다.

제품 설계 표준(기능, 성능)은 어떻게 설정해야 하는가

Dental Extraoral X-ray 장비와 같은 전기전자 의료기기의 경우, 다음 4가지 기준을 바탕으로 제품 설계 표준을 설정할 것을 추천한다.

- IEC 60601 Medical Electrical Equipment 계열의 Safety 규격 가이던스
- IEC 61223 Evaluation and Routine Testing in Medical Imaging Departments 계열의 Imaging Performance 규격 가이던스
- 시장 표준. 즉, 시장 내 동등 제품의 기능 및 성능
- 자사 표준. IEC 또는 시장 표준에 없는 항목

또한, 시장 내 품질 및 성능의 우위를 점하고자 한다면 보다 엄격하고 높은 수준의 스펙을 설계 표준으로 설정할 것을 권고하며, 지금부터는 상기 4가지 기준에 무엇이 있는지 하나씩 살펴보도록 하자.

IEC 60601 Medical Electrical Equipment 계열의 Safety 규격 가이던스

- 기계적 안전성: 제품 사용 간 하드웨어적으로 인체에 해를 끼치지 않아야 하며, 정상적 동작 여부를 외부에 표시(Yellow, Green, Red)해야 한다.
- 전기적 안전성: 전기전자 의료기기의 경우, 제품 고장 방어 및 사용자 또는 환자를 전기적 위해(내전압, 누설전류, 접촉전류 등)로부터 안전하게 보호해야 한다.
- X-ray 안전성: X-ray 장비의 경우, X-ray 성능을 보장하고, 과피폭, 오피폭 방지를 위한 조치(X-ray Exposure Area, Leakage, Scatter 등)를 해야 한다

IEC 61223 Evaluation and Routine Testing in Medical Imaging Departments 계열의 Imaging Performance 규격 가이던스

- Panorama 영상 기준: High Contrast Resolution, Low Contrast Resolution, Image Homogeneity, Panoramic Layer
- Cephalo 영상 기준: High Contrast Resolution, Low Contrast Resolution, Image Homogeneity
- CT 영상 기준: Homogeneity, CT Number(HU), Spatial Resolution, Tomographic Section Thickness

위와 같이 Dental Extraoral X-ray 장비의 IEC 규격 가이던스의 대표적인 기준 항목을 살펴보았다. 세부 항목을 자세히 살펴보면, 어떤 항목은 기준치가 제시되어 있고, 어떤 항목은 기준치가 제시되어 있지 않다.

바로 이 지점이 시장 표준과 자사 표준을 제품 설계 표준에 반영해야 하는 이유이며, IEC 기준은 제품 개발 요구사항의 최소 조건이지 충분조건은 아님을 인식해야 한다.

시장 표준(즉, 시장 내 동등 제품의 기능 및 성능)

- 촬영모드: IEC 규격 가이던스에는 Panorama, Cephalo 영상의 Imaging Performance 평가 항목과 최소 기준은 제시하고 있으나, 어떠한 촬영모드를 지원해야 한다는 내용은 언급하고 있지 않다.

그럼에도 불구하고, 이미 시장에 판매되고 있는 동등 제품을 조사해 보면, 다양한 형태의 촬영모드를 지원하고 있는 것을 발견할 수 있다. 왜 그럴까?

불필요한 X-ray 노출 방지, 임상 목적을 위한 특정 촬영모드 필요라는 시장의 요구사항을 충족하기 위한 다양한 촬영모드가 시장 표준의 형태로 자리 잡고 있다.

- CT 영상 FOV 및 재구성(Voxel Size): Panorama, Cephalo 영상의 경우 Imaging Performance 관련, 평가 항목과 최소 기준을 제시하고 있는 반면, CT 영상에 대해서는 최소 평가 항목만을 제시할 뿐 기준치조차 제시하고 있지 않다.

그럼에도 불구하고, HU(CT Number) 값의 경우 물 0, 공기 -1024라는 절댓값이 이미 시장 표준에 자리 잡고 있으며, 이 역시 불필요한 X-ray 노출 방지, 임상 목적 달성에 필요한 FOV(Field of View)를 50×50, 80×50, 80×80, 120×80 등과 같이 표준 사이즈를 채택하고 있으며, 영상 재구성을 위한 Voxel 사이즈 역시, Surgical Guide 제작을 위한 최적의 사이즈인 0.2 또는 0.3으로 자리 잡고 있다.

위와 같이, 국제 규격 가이던스에서는 제시하고 있지 않지만 이미 시장에서 표준과 같이 자리 잡고 있는 항목과 기준은 제품 설계 표준으로 채택하는 것이 좋다.

자사 표준

IEC/시장 표준보다 엄격하게. 또는, 없는 항목과 기준은 어떤 내용을 말하는가? 이 역시도 Dental Extraoral X-ray 장비 사례로 기술해 보겠다.

먼저 IEC/시장 표준 기준치보다 엄격하게 해야 하는 사례이다.

- X-ray kVp, mA 허용치(IEC 60601-1-3에서는 설정값 ± 10% 이내): 앞서 언급한 바와 같이 IEC 경우는 최소 요건을 기준으로 제시한다고 하였다. 최근 영상 처리 기술의 발달로 위 허용치 내에만 제어가 된다면, 진단 목적을 달성하는 데 큰 무리는 없을 것으로 판단한다.

X-ray 장비의 특성상, 허용치 범위 내에 왔다 갔다 하는 것(이런 경우는 Generator 또는 Generator에 고전압을 공급하는 Inverter의 고장으로 봐야 한다)이 아닌 허용치 범위 내 특정 값을 기준으로 안정화되는 경향이 많다.

품질 관리/고객 입장에서 봤을 때, 특정 장비는 +10%, 특정 장비는 -10%에 근접하여 안정화되었다고 생각해 보자. 성인 남자 기준 Panorama 영상은 대략 70kVp, 6mA를 사용하는 데 이를 기준으로 보면 63~77kVp, 5.4~6.6mA가 허용치인데, 이는 장비 간 편차로 보면 20% 정도의 차이가 발생한다고 볼 수 있다.

이런 경우, 영상 평가 항목의 기준치를 넓게 가져야는 단점이 있고, 장비 간 편차가 커 시장 내 장비의 성능 이슈가 자주 언급되는 이유이기도 하다.

- Homogeneity(시장 표준 ± 10% 이내): 디지털 장비의 경우, 센서의 Back Ground Level 값을 기준으로 ±10% 이내가 시장 표준으로 자리 잡고 있다. 아마도 IEC의 허용 범위가 ±10% 이내이기에 이를 따르지 않나 생각된다. 이 역시도 HU(CT Number) 값에 영향을 주는 요소로 향후 치아 골밀도를 판단함에 있어 자칫 오류를 발생시킬 가능성이 크다.

이보다 엄격하게 ± 3% 이내로 표준을 만들어 관리한다면, 장비 간의 편차 축소, 진단 영상의 임상적 유효성이 그만큼 높아지는 효과를 만들어 낼 수 있다.

위와 같은 항목을 찾아내고 그 기준을 경쟁 제품보다 엄격하게 설정하고, 이를 구현해낸다면 시장을 주도할 수 있는 제품으로 자리 잡을 수 있음을 의심치 않는다.

다음은 IEC/시장 표준에 없는 항목과 기준에 대한 사례이다. 고객에게 부여할 수 있는 고객 가치 측면에서 살펴보는 것이 좋겠다.

- 영상처리 옵션: 임상의마다 선호하는 진단 영상의 형태가 존재한다. Radiologist는 영상처리가 최소화된 영상을 선호하는 것으로 보인다. 그렇다면, 그 넓은 범위에서 어떻게 옵션을 제공하는 것이 좋을까? 그 어디에도 표준으로 채택할 만한 기준이 없다.

나는 이 부분에 대한 표준을 수립할 시, 영상의학과 교수님들로부터 획득한 진단의 유효성이라는 관점에서 최소/최대 영상처리 옵션을 설정하고 그 중간에 3단계, 총 5단계의 영상처리 옵션을 부여했으며, 제품 설치 후, 5단계 영상처리 옵션을 적용한 영상을 보여주고, 가장 선호하는 옵션을 설정케 하였다.

물론, 중간에 선호 옵션이 변경될 것에 대비해, 사용자가 쉽게 이 옵션을 변경할 수 있도록 설계하였다.

임상평가를 위한 임상 프로토콜 설계

의료기기 2등급 이상의 제품의 경우, 임상평가를 요구하는 경우가 대부분이다. 제품 개발 기획 시, 임상시험 진행 여부를 파악한 후, 임상시험이 요구될 시, 이의 기본적인 프로토콜을 만들어 두고, 제품 개발 단계에서는 임상시험 프로토콜과 임상시험을 어느 기관과 협력하여 진행할 것인지를 확정하는 것이 좋겠다.

그럼, 임상평가를 위한 프로토콜은 어떻게 설계해야 할까? 이 역시도 Dental Extraoral X-ray 장비를 기준으로 설명토록 하겠다.

Dental Extraoral X-ray 장비의 Panorama 영상 임상 프로토콜 사례이다. 우선, 프로토콜을 설계하기 위해 고려해야 할 옵션에 대해 살펴보자.

- Panorama 영상 종류별 사용 비율
- 환자 연령대 기준(소아, 청소년, 성인, 노인)
- 성별(남/여)
- 골밀도 구조(Hard, Normal, Soft)
- 영상처리 옵션별

영상처리 옵션별 영상의 경우, 1회 촬영으로 RAW data를 획득할 수 있으므로 이를 각 옵션에 적용, 영상처리별 영상을 획득할 수 있다.

그 외는, 위 사항을 고려하여 임상에서 획득해야 할 영상의 종류, Case 수를 확정하고, 임상 진단의 유효성을 평가하는 것이 좋겠다.

제품 인증 진행 시, 기술문서(임상시험 평가서)를 평가함에 있어 특정 영상의 종류, 또는 옵션이 부족한 경우, 이를 보완, 제출할 것을 요청받게 되니 누락을 최대한 예방해야 할 것이다.

제품 시험/검증 및 유효성 확인

Dental Extraoral X-ray 장비의 플랫폼 표준화를 기획하면서, 연구개발 프로세스와 설계표준이라는 산출물은 물론, 고객 요구사항 및 IEC 60601 Edition 3.0/3.1 적합성 확보를 목표로 한 프로젝트를 시작하였고, 1단계 목표인 제품 개발 계획서를 확보하고, 2단계 목표인 제품 개발 계획서 상의 기능과 성능 목표를 달성한 제품 개발을 완료하였다.

연구개발 프로세스 3단계인 "제품 시험/검증 및 유효성 확인" 단계가 전사 역량이 집중되는 중요한 단계임을 이미 기술하였다. 여기서는 제품 인증 과정의 최초 시작점인 의료기기의 안전성과 이의 성능을 제3자(인증된 시험 기관)로부터 시험/검증해야 할 사항이 무엇인지 다뤄보도록 하겠다.

전기전자 의료기기는 크게 두 부문에서 시험/검증 및 유효성 확인이 이루어진다.

- IEC 60601 Medical Electrical Equipment 계열의 Safety 시험과 환경시험
- IEC 61223 Evaluation and Routine Testing in Medical Imaging Departments 계열의 Imaging Performance 시험과 임상평가 및 소프트웨어 유효성

IEC 60601 Medical Electrical Equipment 계열의 Safety와 환경시험

전기전자 의료기기의 안전성 시험 다음과 같은 부문에서 시험이 이루어진다.

- 전기 기계적 안전성 시험(IEC 60601-1 Edition 2.0/3.1/3.2)
- 전자파 안전성 시험(EMC-Electromagnetic Compatibility)
- 방사선에 관한 안전성 시험(IEC 60601-1-3)
- 생물학적 안전성 시험(GLP 준수 생체 적합성 시험 및 멸균 Validation)
- 포장시험(진동/충격/낙하 시험)
- 위험 관리(Risk Management)

그 외, 의료기기 제품군에 따른 추가적인 안전성 시험이 요구되며 이는 시험 기관과 의논하면 그 내용을 쉽게 파악할 수 있다.

시험 기관 선정에 있어서도 주의해야 할 점이 있다. 자체 시험을 진행하는 중국/러시아(물론 한국시험소의 테스트 리포트 제출을 요구한다.)를 제외한 모든 국가는 별도의 시험 없이 한국 시험 기관의 시험 결과 리포트를 인정하기에 국제적으로 공신력이 있고, 시험코자 하는 동일 제품의 시험 경험과 다양한 모델의 시설, 도구를 보유한 기관을 선정, 진행할 것을 추천한다.

전기 기계적 안전성 시험 (IEC 60601-1 Edition 2.0/3.1/3.2)

전기전자 의료기기의 전기 기계적 안전성 시험은 IEC 60601-1 의료기기 국제 규격 가이던스 상의 항목과 기준으로 시험을 진행한다. 다만, 여기서는 규정의 어느 버전을 충족시킬 것이냐의 이슈와 시험을 위해 제출해야 하는 것에 대해 추가적으로 다루겠다.

모든 규격이 그러하듯이 기술의 발전 및 시대상을 반영하여 의료기기 국제 규격 가이던스 또한 불필요한 시험 항목은 제거하고, 기존 항목의 기준을 강화하거나, 새로운 시험 항목을 추가하는 방향으로 발전해 왔다.

현재 최신 버전은 통산 3판이라고 칭하는 Edition 3.2이다. 그럼 이 규격만 참조해서 제품 개발 및 시험을 진행하면 충분한가? 결론부터 말하자면, 아쉽게도 아니다.

"중국 의료기기 인증이 어렵고 오래 걸린다"라는 말은 의료기기 업계에 종사하는 사람이라면 한 번쯤은 들어본 얘기일 것이다. 이유는 간단하다. 시험소, 시험원마다 해석이 다르고, 적용하는 규격 버전이 다르고, 사용하는 시험 도구가 다르다.

그렇다면, 제품 개발 시, 어떻게 하는 것이 좋을까?

첫째, IEC 60601-1 Edition 2.0/3.1/3.2을 모두 확인, 제품 개발에 적용할 것을 추천한다. 대표적으로 Edition 2.0 USB isolation 기능, Edition 3.1부터 강화된 접촉 전류(Touch Current) 기준을 충족하는 것이 좋겠다.

둘째, 최대/최소 허용치의 10% 이상의 Margin을 충족할 것을 권고한다. 동일한 제품이 한국에서는 PASS이나 중국 시험소에서는 FAIL이 발생하는 경우를 자주 보는데, 이는 사용하는 테스트기의 종류, Calibration 상태에 따라 그 측정 결과가 다르게 나타나기 때문이다.

내 경험상, IEC 60601-1 기준을 충실히 충족하고 특히 보드 설계 시 IC 제조사의 성능 스펙, 절연거리 등의 표준 가이던스를 잘 따른다면, 전기 기계적 안전성 시험 모든 항목은 문제없이 통과할 것이다.

또한, 동(同) 시험 진행 시 미국 NRTL 기준 시험도 함께 진행하길 바란다. NRTL 시험/인증이 없는 경우, 미국 5개 주에는 판매가 불가하다. IEC 기준 시험만 충족하면 NRTL도 문제없이 통과할 것이다.

전자파 안전성 시험
(EMC-Electromagnetic Compatibility)

전기전자 의료기기 Safety 시험에서 가장 어렵게 생각하는 항목이 바로 이 전자파 안전성 시험이다.

IEC 60601-1 기준에 맞게 설계된 제품일지라도 기구적 결함이 발생한다면 전자파 누출을 막을 방법이 없다. 결국은 기구 설계 및 재질, 부품 생산, 조립 역량이 이 시험 PASS 여부를 결정할 것이며, 특히 최대 거리에서 10% 이상의 Margin은 반드시 확보해야 한다.

방사선에 관한 안전성 시험 (IEC 60601-1-3)

방사선 안전에 관한 시험은 방사선 조사 면적과 의도된 영역 외, 누출 방사선(Leakage X-ray) 허용치 내 관리 이렇게 2가지로 요약할 수 있다.

첫째, 방사선 조사 면적의 경우, "Detector 면적보다 같거나 작아야 한다"와 "촬영된 영상의 4면에 방사선이 조사되지 않은 영역이 표시되어야 한다"라는 요구 조건을 충족해야 한다.

방사선의 물리적 특성(산란현상)상, 경계선상에서 정상적인 방사선 조사 영역과 그렇지 않은 영역을 정확히 구분하기 어려운 면이 있다.

나는 이 부분에 대해 영국 규제 기관과 함께 디지털 센서 사용 제품의 방사선 조사 면적에 관한 시험을 함께 진행했으며, 결론은 디지털 센서의 Background Level 값 75% 이상은 방사선이 조사된 것으로, 이하는 방사선이 조사되지 않은 것으로 판정하였다.

둘째, "의도된 방사선 조사 영역 외, 누출 방사선 100mR 이하" 요구 조건을 충족해야 한다.

이 부분에서 두 가지 중요한 사항이 있으니 설계 및 시험 과정에서 반드시 참고하여 시행하길 바란다.

"의도된 방사선 조사 영역"은 정확히 어느 부문을 의미하는 것인가" 규정을 해석함에 두 가지의 경우를 발견할 수 있었다. "방사선 발생 장치인 Generator의 조사구"라는 의견과 "Generator 조사구 앞에 설치하는 Collimator"라는 2가지 의견이 있다.

결론은 후자가 맞으며, 실제 측정은 촬영 모드별 Collimator가 위치하면 의도된 조사구만 차폐한 상태에서 360도 모든 방향 1M 거리에서 100mR 이하가 충족되도록 해야 한다.

누출 방사선 최대 허용치 IEC는 1mGy 이하, FDA는 100mR 이하로 규정하고 있다. 1mGy=114mR이니, FDA 100mR 이하 규정을 충족할 것을 권고한다. 낮으면 낮을수록 좋다.

생물학적 안전성 시험
(생체 적합성 시험 및 멸균 Validation)

거의 모든 의료기기는 환자에 직접 접촉 또는 인체 내에 삽입됨으로 환자의 안전을 위해 독성, 생리학적, 면역성 또는 돌연변이 유발 효과로부터 환자를 보호해야 한다.

이에 의료기기 제조업체는 의료기기 출시 전 의학적으로 사용하기에 안전하다는 것을 보장하기 위해, 생물학적 위험 평가와 함께 국제 규제 기관이 설정한 일련의 엄격한 생체적합성 시험 요구사항을 준수해야 한다.

다음은 생체적합성 시험의 종류를 알아 보도록 하겠다.

- 세포독성(ISO 10993-5)
- 유전독성(ISO 10993-3, FDA)
- 혈액 적합성(ISO 10993-4, ASTM 미국 재료시험협회)
- 자극(ISO 10993-10)
- 과민성(ISO 10993-10)
- 전신 독성 및 발열성의 전신 효과(ISO 10993-11, ASTM)
- 화학적 특성화(ISO 10993-18)
- 독성학적 위험 평가(ISO 10993-17)
- 멸균 장벽 시스템(ISO 11607)

의료기기 제조업체는 자사 제조 의료기기에서 환자 접촉 또는 삽입부(부품)에 대해 시험 기관과 함께 적합한 시험 항목을 시험하길 권고한다.

TIP. 일본 시장 진출 시, 생체적합성 시험 기관 선정

전 세계 의료기기 시장에서 일본은 큰 비중을 차지하고 있고, 우리나라 대부분의 의료기기 제조회사는 일본 시장 진출을 염두에 두고 있다. 만약, 일본 시장 진출을 계획하고 있다면, 일본 PMDA 측에 생체 적합성 시험 인정기관을 확인하여 반드시 그곳에서 시험을 진행하기 바란다. 참고로, 일본 PMDA가 인정하는 시험 기관은 아시아에서 일본/인도에 있다.

포장시험(진동/충격/낙하 시험)

의료기기 제품 포장 상태에서 진동/충격/낙하 후, 제품의 정상 동작 및 정상 성능이 보존됨을 확인하는 시험이다.

비교적 사이즈가 작거나 가벼운 제품의 경우, 내/외부 포장재 설계를 잘하면 될 것이나, 사이즈가 크거나 무거운 제품의 경우, 제품 자체의 진동/충격을 최소화할 수 있는 장치를 설계 시, 사전 반영할 것을 권고한다.

TIP. 내/외부 포장재 재료 선정 시 주의사항

제품뿐만 아니라 내/외부 포장재 재료도 ROHS 2, WEEE, 6가 크롬 시험, REACH와 같은 환경규제에 적합한 재료를 사용해야 한다.

위험관리(Risk Management)

의료기기 품질경영시스템 ISO 13485, CE MDR, FDA 등 거의 모든 규격은 환자의 안전을 위한 방향으로 그 규제를 강화하고 있고, 멸균 Validation과 함께 Risk Management를 위한 다양한 시험 및 예방 조치를 요구하고 있다.

어느 부분에 대한 Risk Management을 해야 하는지 나열해 보자.

- 제품 사용 간 기계적 결함 발생 시, 환자 보호 위한 예방 조치
- 제품 사용 간 전기적 결함 발생 시, 환자 보호 위한 예방 조치
- 제품 사용 간 성능 결함 발생 시, 환자 보호 위한 예방 조치
- 소프트웨어 오동작 발생 시, 환자 보호 위한 예방 조치
- 환자 직접 접촉 또는 삽입 제품의 위험 요소 평가 및 멸균 Validation 포함 관리 사항
- 사후 관리 체계

위 사항들을 제품 설계 시 반영, 구현하고, 이의 상세 내용을 기술문서로서 제품 평가 시 제출, 승인받아야 한다. 이를 소홀히 할 경우, 최근 추세에 따르면 이를 충족할 때까지 제품 승인이 지연된다.

환경시험

최근 전 세계적인 환경 이슈에 대응키 위해, 의료기기 분야에도 의료기기를 제조/판매하는 과정에서 환경적 위해 요인을 최소화하기 위한 각종 규제가 적용, 시행되고 있다.

전기전자 의료기기에는 어떤 종류의 환경 규제 관련 시험이 있는지 알아보자.

RoHS 2 적합성 시험

전기전자 의료기기에 특정 유해 물질 사용을 제한하는 EU 규정으로 2002년 최초 도입된 이래 제 개정을 거쳐 현재는 2013년 RoHS 2가 도입되었다. 이에, EU 시장에 전기전자 의료기기를 판매하려는 기업은 RoHS 적합성 시험은 필수이며, 제품상에 RoHS CE 마크를 필수적으로 표시해야 한다.

WEEE II
(Waste Electrical and Electronic Equipment)

전기전자 의료기기 폐기물에 의한 토양 및 수질 오염을 예방하기 위해, 재활용률을 제고하고 폐기물을 줄이려는 EU 규제로 현재는 수거율 65% 이상을 달성해야 한다.

전기전자 의료기기 제품뿐만 아니라 포장재 및 운송 과정에서 필요한 재료까지 포함하는 것으로 제조사는 안전하고 효과적인 폐기물 수집 및 회수 절차, 시스템을 갖추도록 요구하고 있다. 이를 극대화하기 위해 제조사는 설계부터 이 규제를 감안하여 반영해야 하며, 제조사는 EU 지역 내 제조사의 책임을 이행하는 법적 책임이 있는 공식 대표를 임명해야 한다.

6가 크롬 시험

- 전기전자 의료기기를 구성함에 있어 가죽을 사용하는 경우, 이 가죽의 제조 과정 또는 이후에 6가 크롬이 형성되지 않음을 증명해야 한다.
- 6가 크롬은 알레르기성이며 피부에 접촉 시 피부염을 유발할 수 있다.

REACH(Registration, Evaluation, Authorization and Restriction of Chemicals)

전기전자 의료기기 제품뿐만 아니라 포장재 및 운송 과정에서 사용되는 모든 화학물질을 보고한다. 즉, 화학물질에 대한 등록, 평가, 허가, 제한을 나타낸다.

IEC 61223 Evaluation and Routine Testing in Medical Imaging Departments 계열의 Imaging Performance 시험과 임상평가

의료기기는 안전뿐만 아니라 이의 유효성을 담보하기 위해 일정 수준 이상의 성능을 요구하는데, 전기전자 의료기기에는 어떤 종류가 있으며, 어느 규격을 준수해야 하는지 살펴보자.

다음과 같은 종류의 성능 시험이 있으며, 이는 제품 개발의 3단계인 "제품 시험/검증 및 유효성 확인" 단계에서 자체 검증 또는 외부기관의 시험으로 확인, 인정된다.

- 제조사 제시 제품 성능 시험(IEC, ISO 표준 항목/기준)
- 동등성 시험(동종 제품과 비교, 동등 수준임을 증명)
- 임상 평가(Clinical Evaluation)

제조사 제시 제품 성능 시험 (IEC, ISO 표준 항목/기준)

제품 개발 스펙 및 성능 목표 설정 시, IEC를 포함한 국제 규격 가이던스, 시장 표준, 자사 표준을 적용하여 제조사 자체의 기능과 성능 목표를 수립해야 한다고 하였다. 또한, 제품 개발이 완료되면 제3자에게 시험을 의뢰하기 전, 자체 시험/검증 후 제품 성능에 대한 기술문서를 작성, 제출할 것을 권고한다.

기술문서 작성 시, IEC에 언급되어 있는 항목과 기준이 있다면 반드시 해당 항목에 이를 기술하는 것이 시험 항목의 공인된 출처를 통한 테스트 항목과 기준의 신뢰도를 높일 수 있으며, 성능 확인 시 사용된 도구(지그, 팬텀, 테스트기 등) 내역 및 이의 유효성을 검증받은 내역까지 기술, 첨부해야 한다.

결국, 거의 모든 시험 기관은 제조사가 제출한 기술문서를 기반으로 해당 항목의 성능이 재현되는 것을 확인하는 과정이라고 보면 된다.

Dental Extraoral X-ray 장비의 제조사 제시 제품 성능 시험 관련 기술문서(Acceptance Test Report)의 세부사항에는 어떤 내용이 포함되는지 살펴보도록 하자.

- 제품 개요(즉 사용목적을 의미함)
- 同 성능 시험에 사용한 제품, 지그, 팬텀, 테스트기 등의 내역 및 제조정보, Calibration 내역
- 제품의 기계적 안전성 검증 요약
- 제품의 전기적 안전성 검증 요약(내전압, 누설전류 정보)
- 제품 스펙 및 기능/성능 요약
- 촬영 소프트웨어 촬영 모드 요약
- 촬영 모드별 실제 시험 영상
- 제품의 X-ray 성능 요약
- 제품의 X-ray 조사 면적 영상

전기전자 의료기기의 경우, 위 내용을 참조하여 목차를 구성, 기술문서를 작성할 수 있다.

동등성 시험(동종 제품과 비교, 동등 수준임을 증명)

시험을 진행할 제품과 동종 제품이 이미 시장에 판매되고 있는 경우, 이 제품과 동등한 수준의 성능을 나타냄을 증명하는 시험으로 별도의 시험을 진행하기보다, 이미 시행한 성능 시험의 결과물을 별도의 기술문서로서 정리한 것으로 이해하면 된다.

위 제조사 제시 제품 성능 시험 관련 기술문서가 있고, 이제 시장에 판매되고 있는 동종 제품의 성능 관련 정보를 수집해야 하는데 통상 2가지 방법이 있다.

첫째, 이와 관련된 논문 또는 보고서를 인용하거나,

둘째, 각 제조사들이 외부에 노출한 스펙 및 기능, 성능을 인용하거나, 상기 정보를 바탕으로 동등성 시험 보고서를 도출해 낼 수 있다. 이 보고서가 중요한 이유는 2등급 이상의 제품에서 요구되는 임상시험 보고서가 제품 종류에 따라 이 동등성 시험 보고서로 대체되는 경우가 있기 때문이다.

임상 평가(Clinical Evaluation)

CE MDR 요구사항을 보면, Class III & Implantable devices의 경우 반드시 임상 조사(Clinical Investigation) 수행이 필요하다고 규정하고 있다.

다만, 하기의 경우는 동등성 평가를 통해 면제받을 수 있다.

- 동일 제조사가 이미 출시한 제품을 변경했을 뿐인 제품, 즉 설계변경 제품
- 이미 출시된 제품과의 동등성을 주장할 수 있는 경우
  - Technical, Biological and Clinical
- Safety & Performance 면에서, 이미 출시된 제품의 임상 평가 자료로 대상 제품 적합성 평가가 충분히 가능한 경우

CE MDR은 위와 같이 규정하고 있지만, 전 세계 모든 국가/인증이 이와 동일한 요구를 하느냐는 별개의 문제로 인식해야 한다.

내가 경험한 바, 2등급 이상의 의료기기는 기술문서 심사 시, 동등성 평가 보고서를 제출했음에도 불구하고, 임상평가 보고서(CER) 제출을 요구하는 경우를 많이 접하였다.

예를 들면, 2등급 의료기기의 한국(MFDS)/EU(CE)/미국(FDA) 인증 진행 시, 이미 출시된 제품과의 동등성 평가 보고서로 임상평가 보고서 제출을 면제받았으나, 중국(NMPA)/일본(PMDA)의 경우는 임상평가 보고서 제출을 요구받았다.

2등급 이상의 의료기기이며, 회사에서 처음 출시하는 제품의 경우, 정식 임상시험 기관 IRB(Institutional Review Board)와 함께 임상평가를 권고한다.

현재의 규제 추세는 동등성 평가를 통해 임상 평가를 면제받기 어려운 방향이다. 동종 제품일지라도 재질과 형상, 특히 재질이 다른 경우 CE MDD에서는 인정하였으나, CE MDR에서는 인정하지 않는다.

소프트웨어 유효성 확인

소프트웨어 평가는 크게, 성능 유효성(Performance Validation)과 위험 관리(Risk Management) 두 영역에서 이루어지며, 대표적인 항목은 다음과 같다.

- 성능 유효성: 자사 제시 성능 평가 항목 검증, 전송/저장/관리 유효성
- 위험 관리: 제품 제어, 오동작 시 조치, 전송/저장/관리 장애 시 보존 조치, 보안 조치

촬영 소프트웨어(Console Software)

연결된 의료기기 동작 제어, 이로부터 획득된 영상 처리/생성을 목적으로 개발된 소프트웨어를 촬영 소프트웨어(Console Software)라 하며, 이의 검증 및 유효성 확인은 주로 해당 의료기기와 함께 진행한다.

위에 언급한 바와 같이, 성능 유효성은 이 촬영 소프트웨어로 해당 의료기기에 연결, 자사 제시 성능 평가 항목을 재현하는 형태로 진행되며, 위험 관리는 기술문서와 시현을 통해 그것을 증명해야 하기에 촬영 소프트웨어 검증 및 유효성 확인은 통상 제조사 인력이 시험 기관과 함께 진행한다.

뷰어(Viewer)/정보관리 소프트웨어(Data Management)

의료기기로서 소프트웨어를 개발하는 업체에서 가장 어렵게 생각하는 영역이다.

뷰어(Viewer)로 표현하긴 했지만, 이 역시 기능/성능에 따라, 단순 뷰어는 1등급, 뷰어 외 측정 기능/치료 계획(Planning)이 포함된 경우는 2등급 이상의 의료기기로 분류한다. 즉. 타 의료기기와 마찬가지로 2등급 이상이 제품은 동등성 평가 또는 임상 평가를 통해 그 유효성을 입증해야 한다.

이 부분은 IEC 63304 의료용 소프트웨어 평가를 참조하여, 모든 기술문서를 최대한 상세히 작성할 것을 권고한다.

제 4 장

의료기기 제품 인증

제품 인허가(인증/수입/판매) 절차

인증 소유 및 수입/판매 허가의 형태

주요 국가 의료기기 제품 인허가

제품 인허가(인증/수입/판매) 절차

의료기기는 제품 개발뿐만 아니라 시험/검증 및 유효성 확인과 함께 각 국가로부터 엄격한 심사 과정을 통해 제품 제조/판매 허가를 획득하는 절차를 진행해야 한다.

통상 연구개발 프로세스 3단계인 "제품 시험/검증 및 유효성 확인" 단계에서 국가별 인허가 절차를 개시하는데, 이는 3장에서 언급한 시험 기관으로부터 안전성과 성능에 관한 시험 리포트와 임상평가 보고서를 확보해야 하기 때문이다.

다음은 의료기기 제품 인증 및 수입/판매 허가의 일반적 프로세스이며, 각 국가별 일부 절차의 차이는 있지만, 그 내용은 동일하다.

[의료기기 인증 및 수입/판매 허가 절차]

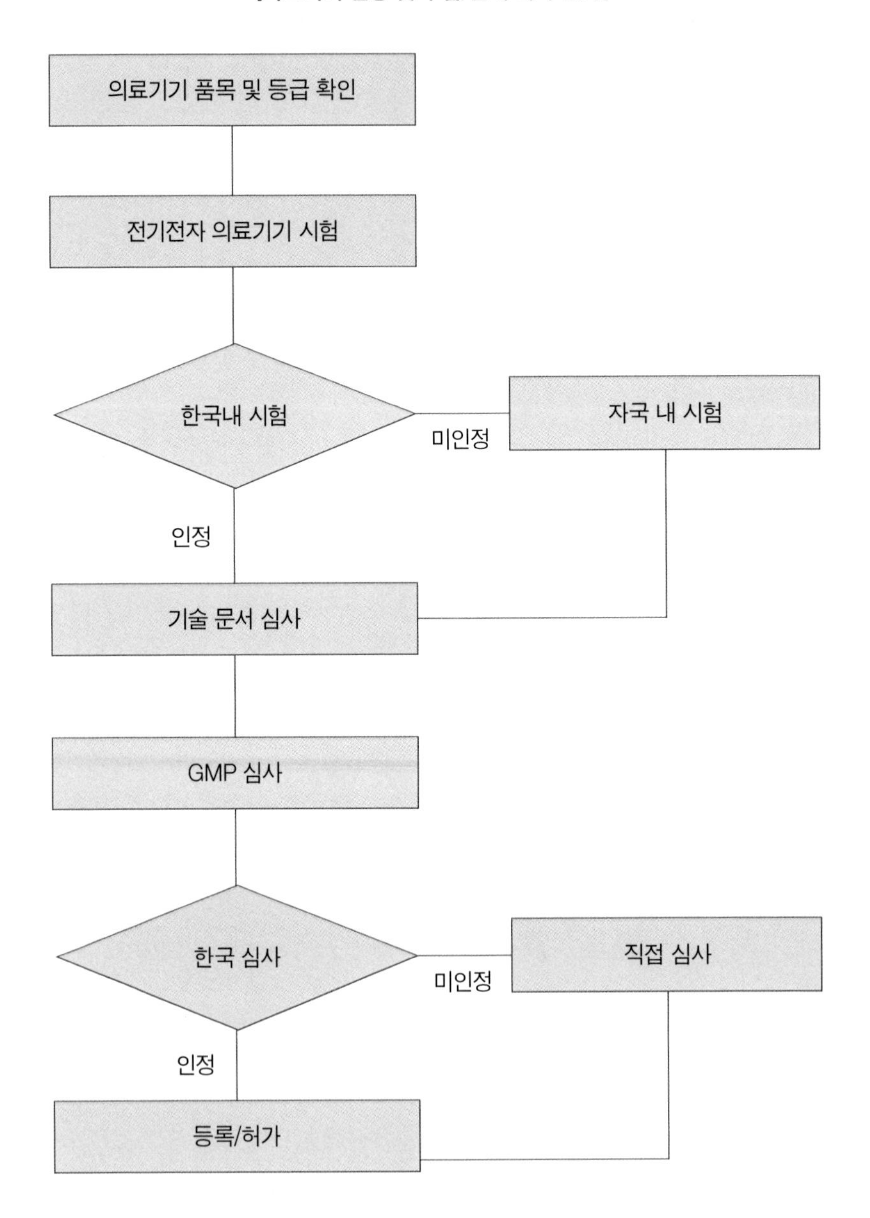

의료기기 품목 및 등급 확인

앞서 언급한 바와 같이 이는 연구개발 프로세스 1단계인 "제품 개발 기획"에서 한국(KFDA)/미국(FDA)/유럽(CE)/중국(CFDA)/일본(관할관청/PMDA) 이상 최소 5개 국가로부터

- 의료기기인지 아닌지
- 의료기기라면 이의 품목은 어떻게 분류되어 있고 등급은 무엇인지
- 임상평가 시행 여부(2등급 이상 제품의 경우)

를 판단 받을 것을 추천한다. 동일 품목일지라도 국가마다 1등급 또는 2등급, 2등급 또는 3등급으로 분류하는 경우가 종종 있기 때문이다.

전기전자 의료기기 시험

"제3장 의료기기 제품 개발 및 유효성"에서 언급한 바와 같이, 한국 내 전기전자 의료기기 개발/제조 조직은, 국제적으로 공신력을 인정받는 한국 내 시험 기관에서 시험할 것을 추천한다.

나의 경험상, 개발/제조 조직의 편의를 많이 봐주는 시험 기관에서 시험을 진행하면 할수록 전 세계 각 국가별 인증/심사 진행 시, 보완 사항을 많이 받게 되고, 결국 최초 시험 비용과 기간은 단축할 수 있으나, 각 국가별 시험 또는 기술문서심사 단계에서 막대한 비

용과 시간을 낭비하는 결과를 초래한다. 이 부분이 조직 내에서 인증 관련, 갈등 요인의 절대적 비중을 차지하니 유의하기 바란다.

중국, 러시아의 경우, 한국 내 시험 기관에서 시행한 시험과는 별개로, 자국 내 시험 기관에서의 전기전자 의료기기 시험을 시행한다. 이 점을 유의하여 제품 기획 시, 중국, 러시아 시험 기관이 IEC 60601 어느 Edition을 기준으로 하는지도 확인하기 바란다.

기술 문서 심사

의료기기 인증 및 수입/판매 허가 절차 중, 가장 중요한 단계라고 생각한다.

국가마다, 시험 기관마다, 심사원마다 요구하는 기술문서의 종류가 다르고, 집중적으로 심사하는 영역 또한 다르다. 과거 동일 품목의 제품 인허가를 획득하였을 때와 동일한 종류/수준의 기술 문서를 제출하였더라도, 추가 시험/기술문서 또는 내용의 보완을 요구하는 경우가 흔히 발생한다. 거의 100% 발생한다고 본다.

핵심은 의료기기의 안전과 성능/유효성 검증 시험 및 이의 결과 보고서이다.

GMP 심사

한국 내 판매를 위한 필수 절차이며, 각 국가의 경우는 수입/판매 허가를 위한 절차 중 하나로 인식하면 된다.

대부분의 국가는 한국 내 심사기관의 ISO 13485 또는 한국 식약처 GMP 인증을 인정하여, 별도의 의료기기 품질경영시스템 및 제조 시설에 대한 현장 심사를 면제하고 있다.

다만, 호주/캐나다 인허가 절차 진행 시, GMP 대신 MDSAP 인증을 취득해야 하며, 브라질의 경우 2등급 이상 의료기기에 대해 한국 제조 시설에 대한 직접 GMP 현장 심사를 진행한다.

등록/허가

시험 및 심사가 마무리되면, 최종적으로 각 국가의 허가 기관에 신청한 의료기기의 수입/판매를 위한 등록 및 허가 절차가 완료된다.

인증 대리인 지정

한국 내 의료기기 개발/제조 조직의 경우, 한국 식약처에서 별도의 인증 대리인을 요구하지 않으나, 해외 개발/제조 조직에 대해서는 한국 내 자격요건을 갖춘 회사를 인증 대리인으로 지정할 것을 요구한다.

이는 반대로, 각 국가는 한국 의료기기 개발/제조 조직에 대해 자국 내 자격요건을 갖춘 회사를 인증 대리인으로 지정할 것을 요구하며, 이는 "인허가 제품에 대한 이슈 발생 시, 해외 개발/제조 조직과의 원활한 소통과 해결을 위함"으로 이해하면 될 것이다.

수입 대리인 지정

의료기기 수입/판매를 위한 등록 및 허가 전, 수입 대리인을 지정, 제품과 함께 등록하는 절차이다. 국가마다 차이가 있어, 제품인허가 절차 초기(시험 또는 심사 전)에 지정, 등록을 요구하는 경우도 있으나, 이는 극히 일부 국가이며, 대부분의 국가는 등록/허가 절차 직전 지정한다.

또한, 인증 대리인과 수입 대리인이 동일한 독점적 지위만이 허용된 국가가 있다.

보다 자세한 내용은 다음 인증 소유 및 수입/판매 허가의 형태, 주요 국가별 주의사항에서 알아보도록 하겠다.

인증 소유 및 수입/판매 허가의 형태

자국 내 설치/사용 중인 의료기기의 안전과 성능/유효성 보장을 위해 각 국가마다 제품 인증 소유 및 수입/판매 허가에 있어 다양한 형태를 나타내고 있으며, 이는 다음과 같다.

개발/제조자 조직 인증 소유, 현지 인증 대리인(Holder) 불필요, 다수의 수입상 직거래

미국(FDA)/캐나다(Health Canada) 및 유럽(CE) 대부분의 국가가 채택하고 있는 형태이다.

인증의 소유권은 개발/제조자 조직에 귀속되며, 인증 절차에 소요되는 모든 경비는 개발/제조자 조직이 부담하게 된다. 인증 획득 후, 한국에서 해당 국가의 여러 수입상(direct multi-dealers 체계 운영 가능)을 통한 판매가 가능한 형태이다.

다만, 인증 관련 이슈 발생 시 개발/제조자 조직과의 원활한 소통을 위해 현지에 대리인(EC Representative, FDA/Health Canada Agent)을 운영해야 한다.

일정 금액의 유지 비용을 현지 Representative/Agent에게 지불하며, 개발/제조자 조직은 언제든지 이를 변경할 수 있다.

개발/제조자 조직 인증 소유, 현지 인증 대리인(Holder) 필요, 다수의 수입상 직거래

대부분의 국가에서 채택하고 있는 형태로, 대표적인 나라 중국이다.

인증의 소유권은 개발/제조자 조직에 귀속되며, 인증 절차에 소요되는 모든 경비는 개발/제조자 조직이 부담하게 된다. 다만, 인증 획득 후, 제약 없이 현지 인증 대리인(Holder)을 통해 여러 업체를 수입상(direct multi-dealers 체계 운영 가능)으로 등록, 직거래가 가능한 형태이다.

일정 금액의 유지 비용을 현지 대리인에게 지불하며, 개발/제조자 조직은 언제든지 현지 대리인(Holder)을 변경할 수 있다.

독립적 현지 인증 대리인(Holder) 제품 인증 보유, 다수의 수입상 직거래

이 형태를 유지하고 있는 대표적인 나라는 브라질이다.

이 형태는 개발/제조자 조직이 해당 국가 인증 절차 개시 초기 지정해야 하며, 제품 인증의 소유 및 여러 수입상을 지정할 수 있는 권한을 가진다. 이로 인해, 현지 법인이 없는 조직의 경우 반드시 독립적인 BRH(Brazil Registration Holder)를 지정, 등록해야 한다.

만약, 독립적인 BRH(Brazil Registration Holder)가 아닌, 특정 거래선을 BRH로 등록할 경우, 타 거래선과의 직거래가 불가할 수도 있다. 아무 조건 없이 경쟁 회사를 제조사와 직거래 할 수 있게 허용할 회사는 없기 때문이다.

한번 등록된 제품의 인증 대리인(Holder) 변경, 재등록이 불가하다.

현지 인증 대리인(Holder) 제품 인증 보유, 이 업체를 통해서만 수입 가능한 형태

가장 신중해야 할 형태로, 이 형태를 유지하고 있는 대표적인 나라는 러시아, 인도네시아다.

제품 인증의 소유뿐만 아니라 해당 국가의 수입은 이 업체만을 통해 이루어진다. 즉, 인증 보유는 수입의 독점적 지위 보유를 의미한다. 이 형태를 유지하고 있는 국가의 경우, 영업 측과 함께 회사의 전략적 판단에 의거 현지 인증 대리인(대표 수입상)을 지정해야 한다.

한번 등록된 제품의 인증 대리인(Holder) 변경, 재등록이 불가하다.

일본의 다양한 인증 소유 및 수입/판매 허가의 형태

일본 의료기기 제품은 등급에 따라, MAH 와 DMAH라는 두 가지 개념의 제품 인증 소유 및 수입 형태가 존재한다.

[의료기기 등급별 인증 소유 및 수입/판매 허가 형태]

등급	MAH	DMAH
1등급	O	-
2등급	O	O
3등급	O	O
4등급	O	O

※ 신고 대상인 1등급 의료기기(일반의료기기)는 MAH만 허용한다.

MAH(Marketing Authorization Holder)

일본의 수입 회사(의료기기 제조 판매업 허가를 가진 법인)가 인허가의 명의인으로서, 제품의 인허가 취득 및 수입, 품질관리의 책임을 가지게 되고, 제품 허가에 대한 소유권도 보유하게 된다. 이렇게 취득한 허가는 합병 또는 상속 등의 특별한 사유 외 타 업체로의 이관이 불가하다. 따라서, MAH는 인허가와 관련된 독점적 지위를 보유하게 된다.

만약, 개발/제조자 조직이 동일 제품을 타 거래선을 통해 일본에 수입/판매하고자 하는 경우, 해당 거래선을 통해 다시 인허가를 취득해야 한다.

MAH의 경우, 인허가의 소유권이 일본 수입회사에 있기에 일반적으로 인허가 취득 및 관리 비용은 MAH가 부담한다.

외국 제조소 특례법에 따라, 외국제조소는 일본 내 DMAH (Designed Marketing Authorization Holder)를 지정하여 제품 허가에 대한 소유권을 보유하는 것이 가능하다. DMAH는 외국 제조소의 대리인으로 제품의 인허가 취득 및 수입, 품질관리의 책임을 가지게 된다. 단, 해당 제품 허가에 대한 소유권은 외국 제조소가 갖게 된다. 인허가의 소유권이 외국 제조소에 있는 만큼, 인허가의 취득 및 관리 비용은 일반적으로 외국 제조소가 부담한다. DMAH의 변경은 자유롭게 가능하며, 단 해당 의료기기를 취급할 수 있는 의료기기 제조 판매업 허가를 보유한 법인이어야 한다.

DMAH

외국 제조소 특례법에 따라, 외국 제조소에게만 주어지는 형태로 적극적으로 활용하는 것이 필요하다. 일본 내 외국 제조소의 법인이 있는 경우도, 법인을 MAH가 아닌 DMAH로 인허가를 신청하여야 법인 폐쇄 등의 상황에서도 인허가의 유지가 가능하다.

더불어, MAH 또는 DMAH의 역할을 수행하기 위한 의료기기 제조 판매업 허가의 취득을 위한 인적 구성요건, 설비 등에 상당한 비용이 발생하기 때문에 법인의 규모를 감안하여 DMAH를 아웃소싱하는 것이 좋다.

동일 제품일지라도 인허가상의 판매명을 다르게 하는 경우,

MAH, DMAH로서 둘 다 인허가를 취득할 수 있다.

일본의 경우, MAH 또는 DMAH만이 의료기기를 수입할 수 있기 때문에, 외국 제조소가 소유권을 가지고 제약 없이 일본 내 유통 전략을 자유롭게 수립할 수 있는 DMAH 형태로 인허가를 취득, 유지할 것을 추천한다.

주요 국가 의료기기 제품 인허가

우리나라 의료기기 회사들은 통상 유럽 CE, 한국 MFDS, 미국 FDA순으로 제품 인허가를 진행하고 있으며, 이의 절차, 소요기간 등의 정보는 이미 충분히 제공되고 있으므로 여기서는 상대적으로 정보가 부족한 주요 국가 인증에 대해 알아보도록 하겠다.

중국 NMPA 인증

의료기기 업계에 종사하다 보면 한 번쯤은 들어본 얘기가 있다. "중국 인증 어렵다." 나 역시도 의료기기 업계에 종사하면서 여러 번 들어본 얘기이다.

"왜 그럴까?" "한국과 비교하여, 인증 시험부터 심사/허가까지의 절차가 달라서?" 그렇지 않다. 절차는 동일하며, 몇 가지 구조적 사안에 대한 이해가 필요하다.

지금부터는 내가 실제 중국 인증을 진행하면서 경험한 사안을 추가하여, 중국 의료기기 인증 절차 및 절차별 소요 기간, 앞서 언급한 몇 가지 구조적 사안에 대해 기술토록 하겠다.

의료기기 등록/허가 위한, 현지 인증 Consulting Firm 및 시험소 선정

전기전자 의료기기 개발/제조자 조직은 중국 인증 절차 개시 전, 인증 진행을 대행해 줄 현지 Consulting Firm과 해당 제품의 시험을 진행할 시험소를 선정해야 한다.

중국 현지에 조직의 법인 또는 파트너가 있고 자격 요건을 갖추고 있는 경우, Consulting Firm 선정이 필수는 아니나, 중국 내 법인이 있는 조직도 현지 인증 Consulting Firm을 선정, 진행하는 경우가 많다.

대부분의 현지 인증 Consulting Firm은 시험소와 지속적인 업무와 Connection이 있고, 시험 진행 간 소통 이슈로 발생하는 시행착오를 최소화할 수 있는 역량을 보유하고 있기 때문이다. 더군다나, 중국 CFDA 및 시험소 출신 인사들이 Consulting Firm에 많이 근무하고 있기에 현지의 역량 있는 인증 Consulting Firm을 활용할 것을 추천한다.

한국 개발/제조자 조직과 중국 현지 인증 Consulting Firm 간 Direct Connection이 아닌 한국 내 인증 Consulting Firm을 통한 In-Direct Connection으로 진행하는 경우가 있는데, 이 구조는 추천하지 않는다. 비용 이슈뿐만 아니라 소통의 오류가 빈번하여 오히려 일을 그르치는 경우를 많이 봤기 때문이다.

"최상의 현지 인증 Consulting Firm과 시험소는 어디인가?"

진행코자 하는 동종 제품의 의료기기 인증 및 시험 경험이 있는 Consulting Firm 및 시험소를 선정해야 하며, Consulting Firm 과 시험소가 같은 지역에 있으며, 한국에서 언제든지 쉽게 방문할 수 있는 지역이 최상이다.

동종 제품 경험이 있는 인증 Consulting Firm의 경우, 시험소에 제출해야 할 시료 및 관련 기술문서의 종류, 수준을 알기에 신청 자료 심사/접수 단계에서의 반려 상황을 회피할 수 있고, 동종 제품 시험 경험이 있는 시험소의 경우, 해당 제품의 시험 항목과 시험, 테스트 리포트를 빠짐없이 마무리하여, 중국 CFDA 심사로부터의 추가 항목 시험 요구 상황을 회피할 수 있다.

또한, 시험 진행 간 이슈 발생 시, 한국의 개발/제조자 조직이 쉽게 방문할 수 있는 지역이어야 문제 해결을 신속히 진행할 수 있다.

개발/제조자 조직의 현지 전문 인력

중국 시장 진출을 회사의 전략적 목표로 설정한 조직이라면, 중국 인증 절차 개시 전, 현지에서 활동할 전문 인력을 양성, 유지할 것을 추천한다.

중국 의료기기 등록/허가 절차의 시작부터 끝까지 거의 대부분 기술적 이슈에 대응해야 하며, 중국어는 물론 제조자와 원활한 소통이 가능해야 한다. 아무리 경험이 많은 Consulting Firm 및 시험소 일지라도 해당 제품의 구조를 이해하고, 제조자가 의도한 수준으로 사용할 수 없기 때문이다.

시험 진행 과정 중, 각종 질의/응답, 추가 요구 기술문서, 제품의 성능 시험을 위한 사용 측면에서 현지에 개발/제조자 조직의 전문 인력이 있고 없고의 차이는 말할 필요가 없다.

내가 근무한 두 회사의 경우를 사례로 서술코자 한다.

첫 번째 회사는 중국 현지에 법인 및 전문 인력을 운영하고 있으며, 별도의 인증 Consulting Firm을 이용치 않고 이를 위한 자격을 획득, 유지하고 있다. 또한, 같은 지역의 시험소에서 꾸준히 회사 제품의 시험을 진행하면서, 시험원과의 업무 및 Connection을 유지한다.

두 번째 회사는 중국 현지 인력을 한국에서 채용, 중국 파견 전 거의 3년 동안 한국에서 근무케 하면서 전략적으로 회사의 중국 현지 전문 인력으로 양성하였다.

현재 상기 두 회사는 중국 내 의료기기 제품 등록/허가 업무에 있어 어느 조직보다도 신속하게 진행하고 있다.

중국 인증의 핵심은 비용이 아닌, 얼마나 신속하게 획득하느냐다.

중국 전기전자 의료기기 등록/허가 절차는 크게 2단계로 구분한다.

[1단계 등록/허가 절차 및 절차별 소요 기간]

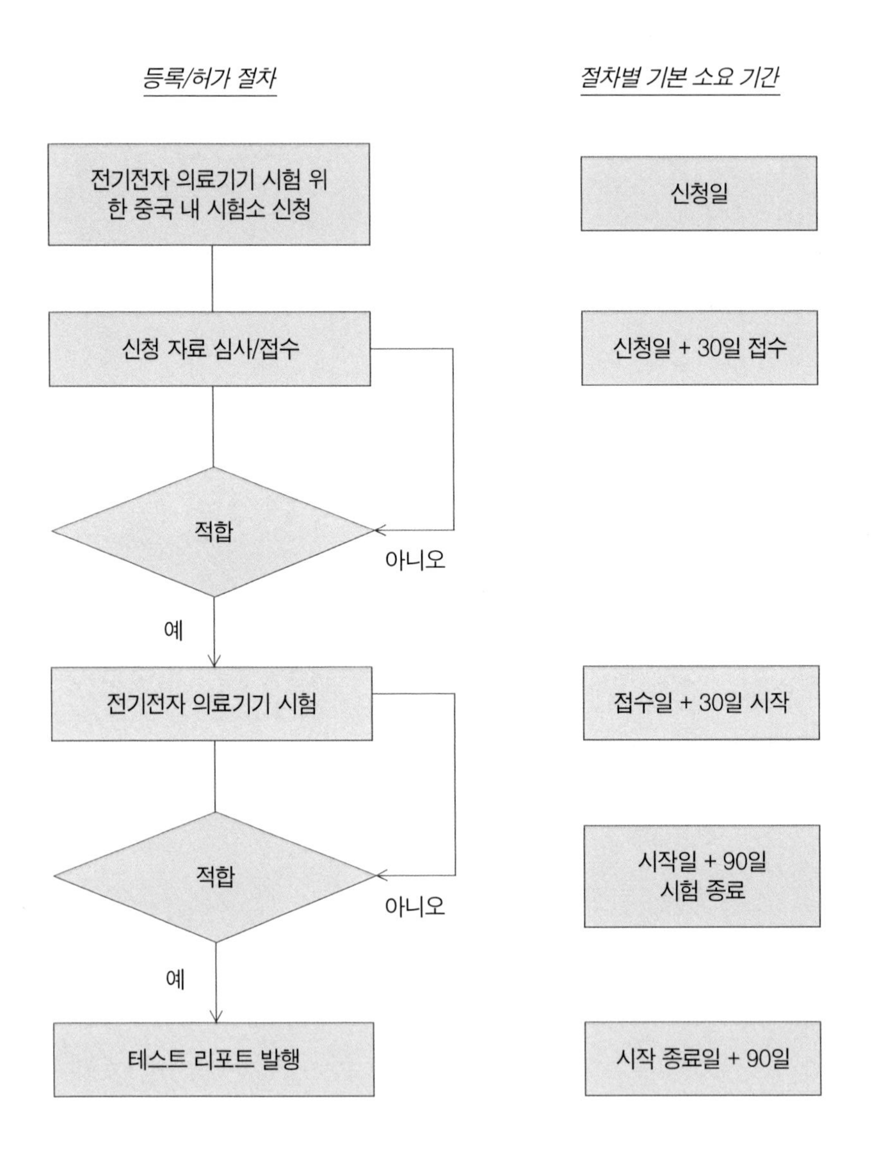

1단계: 중국 내 시험소의 전기전자 의료기기 시험

1단계인 중국 내 시험소의 시험 신청 전, 반드시 해야 할 일이 있다. 개발/제조자의 중국 현지 전문 인력은 인증 Consulting Firm과 직접 시험소를 방문, 해당 제품 시험원과 신청을 위한, 하기 사항에 대해 협의, 확인해야 한다.

- 시험을 위한 제품 시료의 형태, 숫자
- 시험 진행 시 참조할 기술문서의 종류, 형태
- 시험 제품 사용에 필요한 각종 도구(Jig, Phantom 등)
- 시험의 순서 및 일정

또한, 시험을 위한 제품 시료의 경우 중국 시험소 제출 전, 한국 내 시험소에서 동일 시험 항목에 대한 시험 및 기준 적합성을 확인한 후, 제출할 것으로 권고한다.

중국 시험소 전기전자 의료기기 시험 신청 및 접수(신청일+30일)

상기 협의한 내역과 제품 시료가 준비되면 신청 준비가 완료되었으며, 인증 Consulting Firm을 통해 신청한다. 여기서 오해하지 않아야 할 것이 신청을 했다 하여, 중국 시험소에 접수가 되었다는 것을 의미하지 않는다. 중국 내 시험소는 신청된 제품에 대해, 시험을 진행하는 데 필요한 모든 시료와 기술문서가 적절한지 심사하고 이에 문제가 없을 시, 통상 신청일부터 30일 내 접수하게 된다.

미비 사항이 발생할 경우, 보완 요청을 하며 이럴 경우 또다시 신청 자료 심사/접수에 30일을 소비하게 된다.

철저한 사전 협의, 준비가 필요하다.

중국 시험소 시험원의 시험 제품 및 기술문서 사전 검토(접수일+30일)

정상적으로 접수가 완료되었다 하여, 시험원이 제품에 대한 시험을 즉시 시작한다고 생각하면 안 된다.

앞선 접수 단계에서의 심사는 시험원이 아닌 일반 직원이 시험에 필요한 시료와 기술문서의 종류 등을 확인하는 단계이며, 접수 이후 시험원이 직접 제품 시험 전, 제출된 시료 및 기술문서를 검토하며, 이 단계에서 보완 요청이 발생할 수 있다.

중국 시험소 전기전자 의료기기 시험 (접수일+30일 이후 시작)

신청 시 제출한 시료 및 기술문서 등에 특별한 보완 요청이 없다면, 통상 최초 신청일로부터 2개월 후에 실제 시험이 시작된다. 전기전자 의료기기의 시험 순서는 다음과 같다.

- 전자파 안전성 시험(EMC-Electromagnetic Compatibility)
- 전기 기계적 안전성 시험(IEC 60601-1 Edition 2.0/3.1/3.2)
- X-ray 장비의 경우, 방사선에 관한 안전성 시험(IEC 60601-1-3) 추가
- 제품 성능 시험
- 컴퓨터에 설치된 소프트웨어(Console Software)로 제어하는 제품의 경우, Software 성능 시험 별도 시행

전기전자 의료기기의 경우 위와 같은 순서로 시험이 진행되며, 아무 문제가 없다면 시험 시작일로부터 90일 내 시험은 종료된다.

여러분은 이렇게 생각할 것이다. "시험하는 데 90일이나?" 실제 시험원이 시험을 하는 데 1주일이면 충분한데 말이다.

여기서 우리는 이해 및 유의해야 할 점이 있다. 시험원이 시험하는 제품이 해당 제품만 있는 것이 아니며, 모든 국가의 개발/제조자 조직은 전 세계에서 가장 큰 시장인 중국 진출을 최우선 과제로 진행하고 있기에 중국 내 모든 시험소는 한마디로 업무 적체 및 시험원은 업무 과중 상태이다.

전자파 안전성 시험을 시작으로 시험이 마무리된다 하여 다음 시험인 전기 기계적 안전성 시험을 지체 없이 진행하는 경우는 거의 없다. 더군다나, 시험 진행 간 이슈 발생 시, 이 이슈가 해결되지 않은 상황에서 다음 단계를 진행치 않으며, 해결 과정에서 부품의 변경 등이 발생하는 경우, 최초 시험인 전자파 안전성 시험부터 재시행한다.

기약 없이 일정이 지연되는 이유이며, 신청 시 시료 제품의 한국 내 시험소에서 동일 항목에 대한 사전 시험을 시행할 것을 권고한

이유이다.

시험 종료 후, 테스트 리포트 작성(시험 종료일+90일)

해당 제품에 대한 모든 시험이 적합한 것으로 확인된 이후, 관련 시험에 대한 테스트 리포트는 통상 90일 내에 완료, 신청자에게 발급된다.

테스트 리포트 발급과 동시에 중국 전기전자 의료기기 등록/허가 절차의 1단계인 중국 내 시험소의 전기전자 의료기기 시험은 완료된다.

신청 시부터 테스트 리포트 발급까지 1단계 진행에 소요된 기간을 산정해 보자. 최단 8개월이 소요된다. 그것도 진행 과정 중 아무런 이슈가 없다는 전제하에 말이다. 이것보다 더 빠른 기간 내에 테스트 리포트를 받은 사례가 있다면, 그건 축하할 일이다.

이제 중국 NMPA 인증 및 CFDA 등록/허가인 2단계로 넘어가자.

2단계: 중국 NMPA 인증 및 CFDA 등록/허가

[2단계 등록/허가 절차 및 절차별 소요 기간]

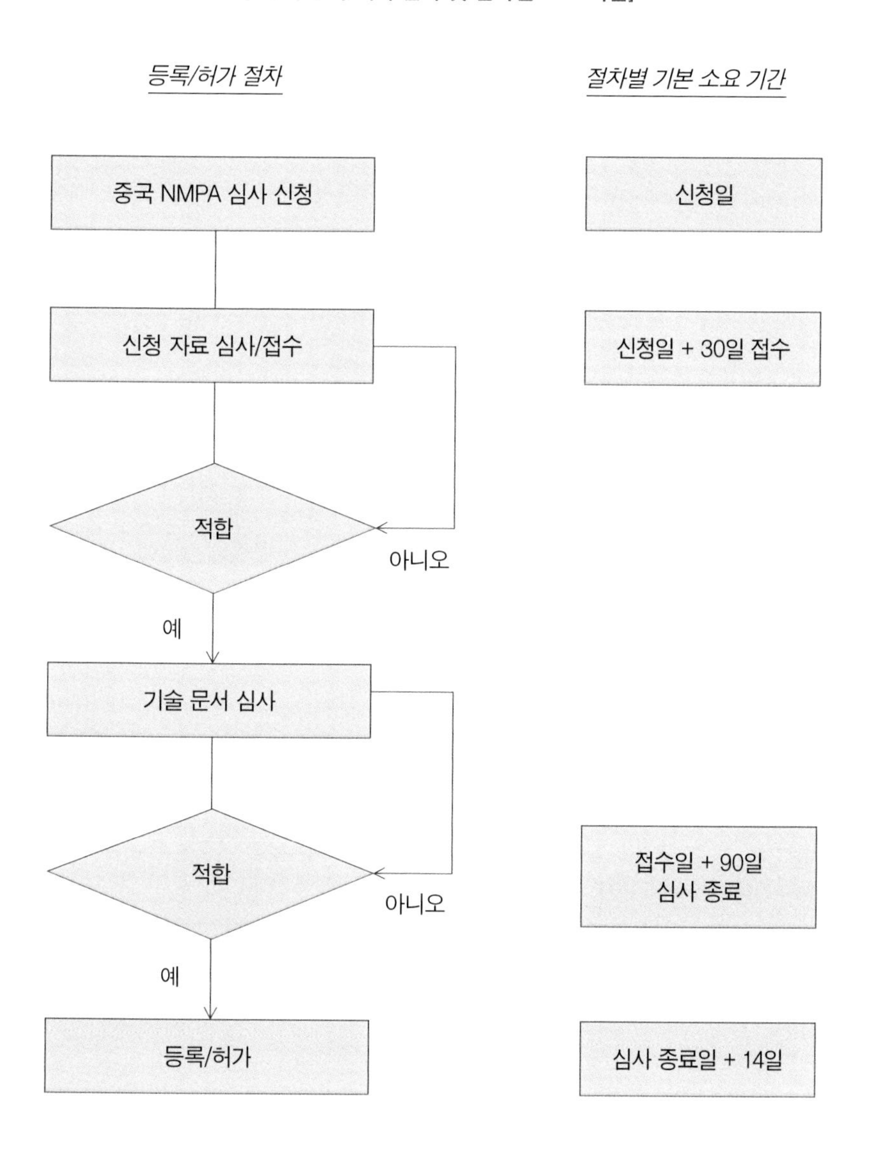

2단계 신청 전(1단계 개시 전 또는 진행 중), 인증 Consulting Firm과 함께 중국 CFDA 측과 신청을 위한, 하기 사항에 대해 협의해야 한다.

- 해당 제품에서 시행해야 할 시험의 종류
- 제출해야 할 기술문서의 종류 및 주 내용, 수준
- 특히, Risk Management, Validation, 생체적합성 시험 등에 주의
- 2등급 이상 제품의 임상평가 프로토콜 및 보고서 내용, 수준
- 중국어로 번역 제출해야 할 기술문서의 종류

중국 북경 CFDA 측에 NMPA 인증 심사 신청 및 접수(신청일+30일)

중국 제조 의료기기의 경우, 제조자가 위치한 지방정부 CFDA 측에서 심사를 진행하지만, 중국으로의 수입 의료기기의 경우, 북경 CFDA로 그 심사 창구가 일원화되어 있으며, 심사 신청 또한 온라인(인증 Consulting Firm 또는 현지 법인)으로 진행토록 되어 있다.

이때부터는 온라인으로 모든 진행 현황을 모니터링할 수 있다.

1단계 시험 신청과 마찬가지로, 심사 신청을 하였다고 접수가 되었다는 것을 의미하지 않으며, 심사를 위해 제출된 서류 목록 등을 확인, 누락이 없는지 확인하고, 문제가 없는 경우 통상 신청일부터 30일 내 접수가 이루어진다.

북경 CFDA 심사원의 기술문서 심사(접수일+90일 내)

접수 완료와 함께 심사원이 배정되며, 심사원은 90일(정확히 60

working days) 내 심사를 종료토록 시스템화되어 있다.

2010년대 중반까지만 하더라도 심사 적체가 심해 심사 기간이 오래 소요되었으나, 중국 정부 차원의 개선 노력의 일환으로 심사원의 절대적 수뿐만 아니라 심사원의 개인 역량도 상당한 수준으로 높여 이를 해결하고 있고, 진행 현황을 온라인으로 확인할 수 있게 하였다.

그럼, "접수일로부터 90일 내 심사 적합 판정 및 완료가 이루어질까?" 사례가 있긴 하지만 극히 소수이며, 실제 대부분의 경우는 최소 1회 보완 사항이 나온다. 보완 사항이 재접수된 시점부터 새로운 90일의 심사 기간이 시작된다.

보완 사항을 요청받은 시점부터 얼마나 빠른 시일 내에 이를 재접수하느냐가 2단계 소요 기간의 결정적 요인이 된다. 단순히 제출된 기술 문서의 내용 보완이면 모르겠으나, 시행치 않은 시험 또는 임상평가 항목이 있다면 보완, 재접수에 상당한 기간이 소요된다.

북경 CFDA도 이 부문의 적체 해소를 위한 규칙이 있으며, 2회 이상 보완 또는 최초 신청일부터 1년 내 심사가 마무리되지 않은 신청건에 대해서는 반려하고, 처음 신청부터 다시 시작토록 하고 있다.

결국, 철저한 사전 준비만이 이를 해결할 수 있다.

중국 NMPA 인증 획득 및 CFDA 등록/허가(심사 종료일+14일)

해당 제품의 심사가 완료되면, 14일 내 CFDA 측으로부터 정식 등록/허가증을 수취하게 되며, 수취 전, 온라인상으로 이의 결과를 조회할 수 있고 이는 즉. 이 날짜 이후로 해당 제품의 중국 내 수입이 가능함을 의미한다.

중국 내 인증 대리인(Holder) 및 수입상 등록

심사 완료 시점에서 정식 등록/허가증 발급 시점 사이에 중국 내 인증 대리인(Holder)과 수입상(추후, 추가 등록 가능) 등록 절차가 있으니 사전에 미리 준비하여 지체 없이 진행하기 바란다.

2단계 신청 시부터 등록/허가증 발급까지 소요된 기간을 산정해 보자. 최단 4개월 반, 1회 보완 감안할 시, 보완 요청 사항 준비 기간을 제외하고 7개월 반이 소요된다.

최종적으로, 2등급 이상 의료기기의 중국 등록/허가 획득에 최단 12.5개월이 소요된다.

2등급 이상 전기전자 의료기기의 중국 수입을 위한 등록/허가를 1년 내 완료하였다면, 제품의 안전과 성능은 물론이거니와 제출된 기술문서의 수준 또한 최고이며, 이를 진행한 인력 및 인증 Consulting Firm의 역량도 높게 평가할 수 있다.

러시아 EAC 인증

2022년 1월 1일부터 의료기기에 적용되기 시작한 EAC 인증을 획득해야 한다.

EAC 인증은 유라시아 경제연합 회원국인 러시아, 카자흐스탄, 벨라루스, 아르메니아, 키르기스스탄 5개국의 단일 인증 제도로, 각 국가마다 인증을 개별적으로 취득할 필요가 없어졌다.

그렇다면, EAC 인증은 어느 국가에서 진행하는 것이 좋을까? 러시아에서 진행할 것을 강력 권고한다.

참고로, 의료기기 등급은 유럽 CE와 동일하게 아래와 같이 4등급으로 분류한다.

- Class I
- Class IIa
- Class IIb
- Class III

러시아 의료기기 등록/허가 절차 및 소요 기간은 중국과 거의 비슷하며, 중국 인증을 위해 준비한 제품/부품 시료, 기술문서 등을 동일하게 준비해야 한다.

또한, 반드시 러시아어로 번역, 제출해야 할 기술문서(거의 모든 서류)를 미리 파악, 사전 준비토록 한다.

러시아의 경우, 현지 수입 대리인 또는 개발/제조자 조직의 현지 법인만이 인증을 소유할 수 있으며, 인증 소유 업체만이 인증 제품을 수입할 수 있다. 이 점이 중국과 가장 큰 차이이다. 인증 소유권이 개발/제조자 조직에 귀속되지 않는다.

의료기기 등록/허가 위한, 현지 인증 진행 주체 선정

중국과 달리, 제품 인증의 소유권이 현지 수입 대리인 또는 개발/제조자 조직의 현지 법인에 귀속되기에 신중해야 한다.

현지 법인이 있는 조직의 경우, 대부분의 경우 대표 수입 대리인 지위를 가지므로 인증을 현지 법인이 직접 진행하거나, 인증 Consulting Firm을 활용할 수 있다. 또한, 신뢰할 만한 현지 거래처를 보유하고 있는 조직도 마찬가지이다.

반면, 현지 법인도 신뢰할 만한 거래처가 없는 조직의 경우는 인증에 오랜 기간이 소요되니 현지 인증 Consulting Firm을 활용하는 것이 좋겠다.

최상의 인증 Consulting Firm은 중국 인증 부문에서 언급한 조건에 부합하는 회사이다.

1단계: 러시아 내 시험소의 전기전자 의료기기 시험

한국, 중국 내 시험에서 진행한 시험 항목과 기준과 동일하다.

2단계: 러시아 EAC 인증 및 Roszdravadzor(감독국) 등록/허가

1단계 시험이 완료, 테스트 리포트와 함께 기술문서를 Roszdravadzor에 제출, 심사를 진행한다. Roszdravadzor는 임상평가 필요성 여부를 검토하는데 수차례 언급한 바와 같이, 2등급 이상 의료기기는 가능한 임상평가 및 이의 보고서를 함께 제출할 것을 권고한다.

러시아 내 인증 대리인(Holder) 및 대표 수입상 등록

심사가 완료되면, 등록/허가 직전까지 인증 대리인(인증 소유 및 대표 수입상)을 반드시 지정, 등록해야 하니 아무리 늦더라도 이때까지 조직은 결정해야 한다.

경험상, Class IIa, Class IIb 제품에 대한 러시아 인증(CU 인증 시절) 기간은 18개월 정도이다.

다만, 진행 현황에 대한 모니터링이 용이치 않아 애로 사항이 많았던 만큼, 인증 Consulting Firm 선정 시 인증 진행 현황 파악 및 소통이 원활한 업체를 선정키 바란다.

브라질 ANVISA 인증

브라질 ANVISA 인증의 경우, 중국/러시아와는 달리 인증 신청 시점에 BRH(Brazil Registration Holder)를 지정해야 한다.

BRH는 인증 완료 후, 인증 소유 및 직접 수입 또는 타 수입상을 등록할 수 있는 권한을 가지기에 개발/제조자와 수입상과의 거래와는 관계없는 독립적 지위를 가진 회사를 BRH로 지정할 것을 강력 권고한다.

브라질 의료기기 등록/허가 절차는 중국, 러시아와 거의 동일하나 아래와 같이 두 가지 지점에서 차이가 있다.

Inmetro 인증
(전기전자 의료기기 시험)

중국, 러시아의 경우는 자국 내 시험소에서 직접 제품 시료로 자체 시험을 진행하나, 브라질의 경우는 한국 내 시험소에서 시험한 결과 리포트 검토로 대체, 인용된다.

GMP 현장 심사
(2등급 이상 의료기기)

2등급 이상의 의료기기 제조자 조직에 대한 GMP 현장 심사가 필수이다. 심사의 내용과 수준은 ISO 13485 의료기기 품질경영시스템을 잘 적용, 유지하고 있다면 충분히 대응, 심사를 마무리할 수 있다.

한국 의료기기 업계에서 브라질 인증에 대한 일반적 의견은 너무 오랜 기간이 소요된다는 것이다. 특히, 2등급 이상 의료기기는 2~3년이 걸린다.

Inmetro 인증(제출된 시험 보고서 심사/승인), 기술 문서 심사(ANVISA)가 특별한 사유 없이 지체되는 경우가 많고, 특히 GMP 현장 심사 일정이 1년 이상 지체되는 경우가 많기 때문이다.

[브라질 의료기기 등록/허가 절차]

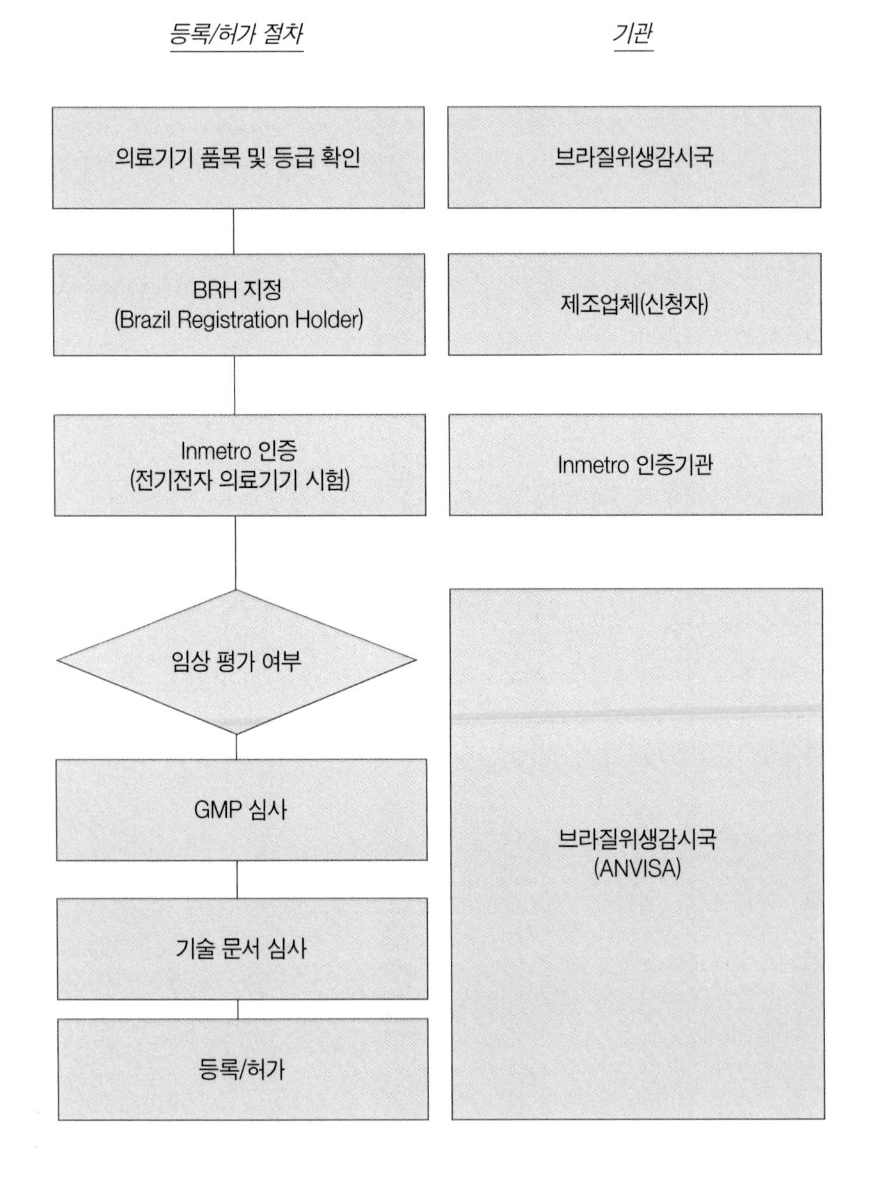

"전기전자 의료기기 2등급 제품 신청부터 등록/허가까지 6개월에 완료하다."

나는 2019년 전기전자 의료기기 2등급 제품의 브라질 ANVISA 인증을 6개월 만에 완료한 경험을 가지고 있다. 전혀 예상치 못한 일정이었기에 나뿐만 아니라 관련된 실무진, 업계 지인들조차 그 놀라운 반응은 지금도 잊을 수 없다.

먼저, 6개월 만에 ANVISA 인증을 완료할 수 있었던 성공 요인(Success Factor)을 나열해 보겠다.

- 신뢰할 만한 현지 거래처(BRH 및 대표 수입상)
- 철저한 기술문서 준비
- 거래처(BRH)의 열정적인 전체 인증 일정 Control(GMP 심사 일정 포함)

신뢰할 만한 현지 거래처(BRH 및 대표 수입상)

일반적으로 BRH는 거래와는 관계없는 독립적 지위를 가진 회사를 지정할 것을 권고한다. 그럼에도 불구하고, 회사는 오랜 기간 거래 및 좋은 관계를 유지하고 있는 회사를 BRH로 지정키로 하였고, 가장 큰 위험 요소인 경쟁 수입상 등록 문제도 해결하였다.

한 가지 더 위험 요소가 있었다. 선정한 BRH가 자국 내 의료기기 인증 경험이 없는 회사였기 때문이다. '잘할 수 있을까.' '브라질 의료기기 인증 오래 걸리는데 경험도 없고.'

2019년 7월 BRH로 지정한 현지 거래처가 한국을 방문하였고,

ANVISA 인증 진행에 대한 협의를 하였다. 가장 기초적인 브라질 의료기기 등록/허가 절차부터….

전체 인증 절차에 대한 이해와 함께 각자의 Role and Responsibility를 명확히 한 후, 지체 없이 인증 절차를 시작하였다.

철저한 기술문서 준비

내가 속한 조직은 이미 여러 국가의 제품 인증을 완료하였거나, 진행하고 있던 관계로 모든 종류의 테스트 리포트 및 임상평가 보고서를 포함한 기술문서는 완벽했고, 브라질리언 포루투갈어로 번역, 제출해야 할 기술문서는 BRH가 맡아 준비하였다.

최초 한국에서의 협의부터 Inmetro 신청까지 1개월 내 완료.

거래처(BRH)의 열정적인 전체 인증 일정 Control (GMP 심사 일정 포함)

Inmetro 인증 절차가 시작되었고, 여기부터 대부분의 조직이 일정 Control이 되지 않는 경우가 많다. 근데, 8월 말경 BRH로부터 Inmetro 인증이 완료되었다는 연락과 함께 "한국 추석 연휴 기간 중, GMP 심사가 가능하겠냐"라는 문의가 도착하였다.

'Inmetro 인증을 1개월 만에 완료한 것도 놀라운데, 일정을 잡는 데만 1년 이상 소요된다는 GMP 심사 일정을 불과 10여 일 후에 진행하자고?'

긴급히 실무진들과 상황을 확인해 보니, B-GMP 심사원이 중국에 체류하고 있으며, 후에 확인해 보니 중국에 체류하면서 중국 포함 아시아 전역의 B-GMP 심사를 전담하고 있다고 하였다. 향후 1년 내 도저히 일정을 잡기 힘드니 본인도 휴일인 한국 추석 연휴 기간 한국을 방문, 심사를 진행할 테니 한국에서도 휴일에 심사를 받을 수 있겠냐는 문의였던 것이다.

고민할 필요가 없었다. 기약 없이 심사 일정을 기다리는 것보다 추석 연휴 기간 심사를 진행키로 하고 BRH에 통보, 추석 연휴 기간 B-GMP 심사를 진행하였다.

최초 한국에서의 협의부터 B-GMP 심사까지 2개월 반 내 완료.

지금부터는 B-GMP 심사원의 심사 결과 보고서 작성과 ANVISA 측의 심사 결과 보고서 포함 제출된 모든 기술문서에 대한 "심사의 시간"이다.

B-GMP 심사원에게 심사 종료 미팅 시 최대한 빨리 결과 보고서 작성을 요청하였으나, 큰 기대는 없었다. 근데, 1주일도 되지 않아 ANVISA 측에 GMP 심사 결과 보고서 도착!

3개월 정도 지난 12월 말 BRH로부터 ANVISA 측 심사가 완료되었으며, BRH 정식 등록/허가는 년 초에 완료될 것이라는 연락이 왔다.

최초 한국에서의 협의부터 ANVISA 등록/허가까지 6개월.

돌이켜 보면, 나 역시도 두 번 다시 경험하기 힘든 브라질 의료기기 인증의 사례이다.

멕시코 COFEPRIS 인증

전 세계 모든 국가 및 인증은 의료기기 1등급 제품의 경우, 자가 선언(DoC, Declaration of Conformity) 또는 신고만으로 판매 가능하다.

그러나, 멕시코의 경우 1등급 제품일지라도 타 국가 2등급 이상 제품 인증에 필요한 기간 이상의 심사 기간이 소요된다. 이는, 멕시코 의료기기 심사 시스템의 구조적 이슈라는 차원에서 이해토록 하자.

멕시코의 경우, 별도의 제품 시험 및 개발/제조자에 대한 현장 GMP 심사를 진행치 않고, 개발/제조자 자국 내 시험 및 ISO 13485/GMP 인증 기술문서 심사로 대체하여 프로세스라는 측면에서는 간단하다.

다만, 타 국가와는 달리 여러 경로로 COFEPRIS에 의료기기의 수입 및 판매 등록을 할 수 있는 프로토콜을 가지고 있으므로 이를 이해하고, 조직에 적합한 프로토콜로 COFEPRIS 등록을 진행할 것을 권고한다.

주요 4가지 프로토콜은 다음과 같다.

- 기본 등록 경로
- 제3자 심사 등록 경로
- 미국, 캐나다, 일본 동등성 등록 경로
- Class I Low Risk 심사 등록 경로

또한, 모든 기술문서는 스페인어로 번역/공증, 제출해야 한다.

[멕시코 의료기기 심사 등록 경로 4가지 프로토콜]

구분	심사요약	심사 기관	심사기간
기본 등록 경로	등록서류(기술문서, 시험 결과 및 보고서, ISO 13485 인증서 등) 심사주로, 고위험군 심사에 적용	COFEPRIS	1등급: 6~10개월 2/3등급: 12~18개월
제3자 심사 등록 경로	기본등록경로와 동일 수준의 심사 검토 기간이 단축되는 장점 단, 추가 비용 발생	제3자 심사 기관	1등급: 6~8개월 2/3등급: 8~12개월
동등성 심사 등록 경로	미국, 캐나다, 일본에서 제조/판매 승인된 제품 동등성 인정 간소화된 서류 심사	COPERIS 또는 제3자 심사 기관	12~18개월
1등급 저위험 심사 등록 경로	저위험 의료기기 및 비의료 기기의 목록에 관한 고시에 해당되는 제품	COFEPRIS	30 영업일

가장 빠른 시일 내 멕시코 COFEPRIS 인증 완료를 목표로 한다면, 제3자 심사 등록 경로로 진행할 것을 추천한다.

TIP. COVID-19 시절 COFEPRIS 심사 인력 감축 운영으로 인해, 현재 COFEPRIS 직접 심사 경로를 채택한 업체는 일정이 지연되고 있다.

기본 등록 경로

공지하고 있는 심사, 등록 기간은 최대 60 영업일이나, 실제 COFEPRIS 심사 기간은 12~18개월 정도 소요되며, 기본 등록 경로의 장단점은 다음과 같다.

장점	멕시코 등록 보유자(MRH, Mexico Registration Holder) 변경 용이 유통업체(수입/판매상) 추가, 변경, 삭제 용이 회사명(제조자, MRH, 수입상) 변경 용이 회사주소(제조자, MRH, 수입상) 변경 용이
단점	심사, 등록 기간이 길다

제3자 심사 등록 경로

COPERIS를 대신하여 사전 심사 권한을 부여받은 제3자 심사기관(TPR)을 통한 프로토콜로 TPR은 심사 후, 승인 권고와 함께 심사 보고서 작성, 신청자는 이를 COFEPRIS에 제출, COFEPRIS 검토 후, 최종 등록하는 절차를 진행한다.

장점	TPR 심사 보고서 제출 후, 통상 2개월 내 COFEPRIS 승인, 등록으로 전체 심사, 등록 기간을 단축할 수 있다.
단점	TPR 심사료 별도 발생 COFEPRIS 심사보다 다소 엄격

동등성 심사 등록 경로

소위 "패스트 트랙(fast-track)"이라 불리는 프로토콜로 미국(FDA), 캐나다(Health Canada) 및 일본(PMDA)에서 판매 승인된 제품에 대한 제출 서류 간소화 및 심사 기간을 단축한 제도이나, 실제 준비부터 COFEPRIS 심사까지 전 기간을 산정해 보면 실질적 인증 소요 기간은 기본 등록 경로보다 오래 걸리며, 경험 상 여러 가지 제약사항이 많아 추천하지 않는다.

장점	제출해야 할 서류 간소화 일본 제조자 조직의 경우, 효과적인 프로토콜임
단점	미국, 캐나다 동등성의 경우, 기본 등록 경로 만큼 심사, 등록 기간이 길어질 수 있음 관리 및 기술적 수정이 동일 동등성 심사 그룹에서 이루어짐으로 변경 승인 시간이 기본 등록 경로보다 오래 걸림 일본 외, 제조자 조직은 필요 증명서 취득 불가

1등급 저위험 심사 등록 경로

1등급 의료기기에 해당하는 저위험 제품에 대한 등록 절차이며, 통상 30영업일 내 승인된다.

일본 PMDA 인증

앞서 "인증 소유 및 수입/판매 허가의 형태" 4가지 유형에서 일본만 추가로 인증 소유권에 따라, MAH, DMAH(1등급 제외) 두 형태로 각각 인증을 진행할 수 있다고 기술하였다. 어떤 형태로 진행코자 결정하였다면, 이번엔 어떤 프로토콜로 진행할 것인지 살펴보자.

일본 또한 의료기기 등급/분류에 따라 멕시코와 유사한 제3자 심사 등록 경로가 존재한다.

[일본 의료기기 심사 등록 경로]

<table>
<tr><th>등급</th><th>위험도</th><th>분류</th><th>심사기관</th><th>심사 유형</th></tr>
<tr><td>1등급</td><td>문제가 발생하더라도 인체에 위험이 매우 낮은 의료기기</td><td>일반 의료기기</td><td>PMDA</td><td>신고</td></tr>
<tr><td rowspan="2">2등급</td><td rowspan="2">문제가 발생하더라도 인체에 위험이 상대적으로 낮은 의료기기</td><td>관리 의료기기</td><td>PMDA</td><td rowspan="5">심사 승인</td></tr>
<tr><td>지정관리 의료기기
JIS(Japanese Industrial Standards) 코드에 따라 제3자 인증기관(RCB, Registered Certification Body)에서 인증</td><td>제3자 심사기관 (RCB)</td></tr>
<tr><td rowspan="2">3등급</td><td rowspan="2">문제가 발생하면 인체에 위험이 상대적으로 높은 의료기기</td><td>고도관리 의료기기</td><td>PMDA</td></tr>
<tr><td>지정관리 의료기기
JIS(Japanese Industrial Standards) 코드에 따라 제3자 인증기관(RCB, Registered Certification Body)에서 인증</td><td>제3자 심사기관 (RCB)</td></tr>
<tr><td>4등급</td><td>환자에 대한 침습성이 높고 응급상황이 발생하면 생명에 위험이 직결될 수 있는 의료기기</td><td>고도관리 의료기기</td><td>PMDA</td></tr>
</table>

2/3등급 관리 의료기기 vs. 지정 관리 의료기기

일본의 2/3등급 의료기기는 관리 의료기기와 지정 관리 의료기기로 구분하며, 지정 관리 의료기기의 경우, PMDA가 아닌 제3자 인증기관(RCB, Registered Certification Body)에서 심사/인증을 진행하고, 후생노동성 허가를 받도록 하였다.

MRI, 전자 내시경, 초음파 진단 장치, X-선 진단 장치 등이 이 범주에 속하며, 이는 해당 제품의 경우 명확한 안전 및 성능 표준이 있기에 RCB로 심사 업무를 위임한 것이다.

명확한 안전 및 성능 표준이 없는 구강 스캐너와 같은 제품은 PMDA가 직접 심사를 진행한다.

신 의료기기 vs. 개량 의료기기 vs. 후발 의료기기

다소 복잡한 개념이긴 하나, 일본 의료기기를 분류함에 있어 위와 같은 신 의료기기, 개량 의료기기, 후발 의료기기라는 분류가 존재한다.

신 의료기기란 말 그대로 기존에 존재하지 않던 새로운 의료기기를 칭하며, 이 경우 1등급 제품일지라도 신고가 아닌 PMDA 심사/승인 과정을 진행한다.

개량 의료기기는 기존 제품에 사용 목적이 추가되거나 작동 원리가 변경된 경우의 의료기기를 칭하며, 이 역시 1등급 또는 지정 관리 의료기기로 분류된 제품일지라도 PMDA 심사/승인 과정을 진행한다.

위 신 의료기기, 개량 의료기기의 경우 임상시험을 요구받거나 논문 등으로 임상시험을 대체할 수 있다.

후발 의료기기는 기존에 존재하는 동일한 사용목적, 작동 원리를 가진 의료기기를 칭하며, 이의 경우 동등성 평가를 통해 임상시험을 대체하는 경우가 많다.

2등급 이상 일본 의료기기 인증은 8개월 정도 소요된다.

마지막으로, 의료기기 제품 인허가의 신속한 획득 및 유지 위한 주의사항을 다음과 같이 기술해 본다.

- √ 각 국가별 의료기기 제품 인허가의 시간과 비용 절감을 위한 핵심 요소는 제품 및 기술문서의 완성도와 수준이다.
- √ 조직의 국가별 시장 진출 전략에 맞춰 국가별 제품 인증을 진행하자. 국가별 인증 진행에 많은 비용, 기간 및 인적 자원이 투입된다.
- √ 2등급 이상 의료기기의 중국 수입을 위한 등록/허가 기간은 최단 16개월로 생각하고, 이에 따라 철저한 인증 준비 및 사업 전략을 세워야 한다.
- √ 2022년 1월 1일부터 유라시아 경제연합 회원국인 러시아, 카자흐스탄, 벨라루스, 아르메니아, 키르기스스탄 5개국 단일 인증 제도인 EAC 인증을 획득하여, 각 국가마다 인증을 개별적으로 취득할 필요가 없다.
- √ 국가별 의료기기 인증서의 유효기간은 통상 5년이다. 최초 등록일로부터 5년 이후에도 동일 제품의 지속 판매를 계획하고 있다면, 반드시 인증서 만료일 전 갱신해야 한다.
- √ 영문 기술문서가 완료되면, 중국어(간체), 러시아어, 브라질리언 포루투갈어, 스페인어로 신속히 번역을 진행하고, 공증을 받은 후 해당 국가 인허가 진행 시 제출한다.

참고

ISO 13485:2016 의료기기 품질경영시스템

의료기기란 무엇인가

의료기기 등급

ISO 13485:2016 요구사항

의료기기란 무엇인가

“의료기기란 무엇인가?”를 알기 위해, 의료기기 품질경영시스템인 ISO 13485와 대한민국 의료기기법, 이 두 규정에서 의료기기를 어떻게 정의하고 있는지 살펴보자.

ISO 13485:2016 의료기기 품질경영시스템(번역본)

3.11 의료기기

기계, 기기, 기구, 기계장치, 이식, 진단시약 또는 측정기, 소프트웨어, 재료 또는 기타 유사, 또는 관련 물품이, 단독 또는 조합으로 사용되며, 다음과 같은 하나 또는 그 이상의 목적을 위해 인간에게 사용되도록 제조자에 의해서 의도 된 것을 말한다.

- 질병의 진단, 예방, 감시, 치료 또는 완화
- 부상에 대한 진단, 감시, 치료, 완화 또는 보상
- 해부 또는 생리적 과정이 조사, 대체 또는 변경

- 생명지원 또는 유지
- 임신조절(피임)
- 의료기기의 소독
- 의체로부터 추출된 표본의 시험과 시험에 의해 의료 목적을 위한 정보를 제공

그리고 약리적, 면역적 또는 신진대사적 수단에 의하여 의체 내 또는 의체상 의도한 주요 작용을 달성하지는 않지만 그런 수단에 의해 그 기능을 도와줄 수 있는 것

항목 비고 1: 몇몇 관할권 내에서 의료기기로 고려될 수 있는 제품이 있지만 다음의 것들은 포함치 않는다.

- 멸균 물질
- 장애인을 위한 보조 기구
- 동물 그리고/또는 의체 조직에 결합되는 기기
- 체외 수정 및 보조생식 기술 장치

대한민국 의료기기법 제2조 제1항

"의료기기"란 사람이나 동물에게 단독 또는 조합하여 사용되는 기구, 기계, 장치, 재료, 소프트웨어 또는 이와 유사한 제품으로서 다음 각 호의 어느 하나에 해당하는 제품을 말한다. 다만, [약사법]에 따른 의약품과 의약외품 및 [장애인복지법] 제65조에 따른 장애인 보조기구 중 의지, 보조기는 제외한다.

1. 질병을 진단, 치료, 경감, 처치 또는 예방할 목적으로 사용되는 제품
2. 상해 또는 장애를 진단, 치료, 경감 또는 보정할 목적으로 사용되는 제품
3. 구조 또는 기능을 검사, 대체 또는 변형할 목적으로 사용되는 제품
4. 임신을 조절할 목적으로 사용되는 제품

여러분의 반응이 궁금하다. 나 역시도 위 두 규정을 처음 접했을 때 "말 어렵네", "다르네"였다. 어려운 말을 해석하기 전에 나는 먼저 왜 이렇게 다른지 그 이유를 찾기 위해 여러 나라의 규정에서 의료기기를 어떻게 정의하고 있는지 알아보기 시작했고 두 가지의 큰 흐름을 파악하게 되었다.

유럽(EU)을 중심으로 한 상당한 국가들은 ISO 13495에 규정된 정의를, 한국/일본을 포함한 미주 지역 국가들은 미국 FDA에서 규정한 정의를 사용하고 있다. 이 두 규정을 자세히 살펴보면 표현상의 차이는 있지만, 의료기기 정의는 대동소이함을 발견하게 될 것이다.

그럼에도 불구하고, 나는 다음과 같은 이유로 최소한 위 두 규정을 함께 검토할 것을 추천한다.

의료기기의 사용 목적 대상을 ISO 13485는 "인간", 대한민국 의료기기법은 "사람이나 동물"로 정의한다. 즉, 유럽에서는 동물용의 경우 의료기기가 아닌 산업용기기로, 한국/일본/미국에서는 의료

기기로 분류한다.

의료기기로 분류된 제품과 서비스는 산업용보다 규제가 강력하고, 인증 절차 등의 복잡성, 안전성과 유효성 측면에서 산업용보다 훨씬 높은 수준을 요구하기에 많은 회사와 개발자들은 최대한 의료기기가 아닌 산업용으로 인정받기 위해 의료기기 규정을 회피하려는 경향을 보인다.

내가 실제 경험한 것을 기술해 보면 첫째, ISO 13485에서는 의료기기로 정의하고 있으나, 대한민국 의료기기법에서는 언급되어 있지 않으니 의료기기가 아닌 것으로 해석하는 경우. 둘째, 직접적으로 사람에게 사용하는 제품이 아니니 의료기기가 아닌 것으로 해석하는 경우. 셋째, 대한민국에서 산업용으로 분류되어 있으니 당연히 전 세계 모든 국가가 산업용으로 분류했을 것이라 판단하는 경우.

위 세 가지 경우 중, 단 한 가지만이라도 잘못 해석/인지하여 의료기기가 아닌 것으로 판단, 제품과 서비스를 개발할 경우, 인증 및 제품 제조/판매 허가 획득이 불가하여 비용과 시간의 낭비는 차치하고, 자칫 회사의 전략 목표 달성 실패, 지속 성장의 위기는 물론이고, 이로 인한 존폐의 기로에 직면하기도 한다.

이에 나는 ISO 13485 또는 대한민국 의료기기법 어느 한 곳에서 의료기기로 정의되어 있는 경우, 이것은 전 세계가 의료기기로 분류했다고 인식하는 것이 좋다고 생각한다.

사용목적(Intended Use) 정의

개발하고자 하는 제품 및 서비스는 이의 인증 및 판매를 위한 사용목적을 정의해야 한다. 즉, "제품 및 서비스 개요/용도"로 이해하면 된다.

사용목적은 통상 "개발/판매코자 하는 제품 및 서비스를 활용하여, ○○○○을 획득, ○○○○에 사용코자 한다 또는 ○○○○함을 목적으로 한다"로 정의할 수 있다.

이 사용목적 정의가 중요한 이유는 다음 2가지 이유이다.

첫째, 사용목적 정의에 따라 개발하고자 하는 제품 및 서비스가 "의료기기"인지, "산업용기기"인지 분류되고. 둘째, 의료기기로 분류될 경우, 의료기기 등급 판단의 1차 기준이 되기 때문이다. 등급 판단이 모호한 경우, 제품 소개서 상의 스펙/기능 등을 검토하여 최종 판단한다.

또한, 동일한 제품 및 서비스를 국가에 따라, 어느 국가는 의료기기로, 어느 국가는 산업용으로, 어느 국가는 체외진단의약품으로 분류하는 경우가 있다. 더군다나, 같은 국가 내에서 그 분류를 변경하는 경우도 있으니 참 어려운 일이다.

전 세계 하나의 인증, 하나의 국가만이라도 의료기기로 판단할 경우, 해당 지역에 개발한 제품 및 서비스를 제공치 않는 결정을 하지 않는 한 이를 회피할 방법은 없다.

여러 시행착오를 최소화하기 위해, 제품 및 서비스 개발 초기 기획 단계, MRS(Market Required Specification) 작성 시점에 한국(KFDA)/

미국(FDA)/유럽(CE)/중국(CFDA)/일본(관할관청) 이상 최소 5개 국가에 사용목적 및 소개서를 작성, 제출하여 의료기기인지 아닌지, 의료기기라면 몇 등급에 해당되는지, 임상평가는 필요한지 판단을 받는 것이 좋겠다. 이미 시장에 동등 제품 및 서비스가 유통되고 있는 경우, 해당 기관 웹사이트 검색만으로도 확인할 수 있다.

요약

√ 직접 사람이나 동물에게 사용하는 제품이 아닐지라도 제품과 서비스의 최종 목적이 사람이나 동물의 질병 또는 부상 등을 진단, 치료하는 것 또는 그 과정의 것이라면 의료기기이다.

√ 소프트웨어도 사람이나 동물 진단, 치료 목적이라면 의료기기이다.

√ 동물용도 의료기기이다.

√ 제품 및 서비스의 사용자가 의료인인 경우, 의료기기이다.

√ 동일 제품 및 서비스일지라도 국가에 따라 의료기기, 산업용기기, 체외진단의약품으로 다르게 분류한다.

의료기기 등급

사용목적 정의에 따라, 의료기기인지가 결정된다. 이미 시장에 판매 또는 서비스되고 있는 제품과 서비스의 경우, 의료기기 등급 또한 이미 결정되어 있으니 이에 따르면 될 것이나, 시장에 없는 새로운 형태 또는 이미 시장에 있으나 다른 형태의 제품과 서비스는 등급을 새로이 결정해야 한다.

의료기기 등급은 사용목적과 사용 시 인체에 미치는 잠재적 위해성의 정도에 따라 심의를 거쳐 4등급으로 구분하고 있으며, 등급의 숫자가 높을수록 위험성이 높다는 것을 의미한다. 통상 1등급의 경우 기관에 신고만으로 제조/판매 가능하며, 2등급 이상의 경우는 임상시험 등을 포함한 보다 엄격한 심사를 거쳐 제조/판매 허가를 획득할 수 있다.

의료기기 등급 결정은 임상시험 여부 등의 주요 사항이 결정되는 기준으로 안전성과 유효성 기준 충족, 막대한 비용과 시간을 요구함으로 회사의 전략 목표 달성을 위한 중요한 요인이다.

이에, 의료기기 등급 결정을 위해 제품 기획 시, 사용목적, 기본 기능 및 스펙으로 여러 국가 인증기관에 직접 문의, 결정받는 것이 좋으며, 이의 결과를 반영하여 개발 기획을 하는 것이 좋겠다.

다음은 대한민국 의료기기법 시행규칙 제2조에 따른 [의료기기의 등급 분류 및 지정에 관한 기준과 절차]에 따라 4개 등급으로 나누어져 있으니 참조하기 바란다.

[대한민국 의료기기 등급 기준 - 환자 위해성 정도에 따라]

등급	기준	품목 예시	구분
1등급	잠재적 위해성이 거의 없는 의료기기 인체에 직접 접촉되지 않거나 접촉되더라도 위험성이 거의 없고, 고장 혹은 이상으로 인체에 미치는 영향이 경미한 의료기기	외과용 골무, 진료용 장갑, 치과교정용 장치, 관장기, 검영기, 방사선방어용 앞치마, 비멸균주사침, 비멸균침, 안경렌즈, 유리주사기, 전동식수술대, 전동식의료용침대, 수동식의료용침대, 구강용카메라, 산소투여용 튜브 및 카테터, 호흡기용마스크, 수은주식혈압계, 전동식환자운반기, 체외형의료용카메라, 부목, 압박용밴드, 의료용개공기구, 의료용절삭기구, 혀누르개, 의료용현미경, 시력보정용안경, 레이저방어용안경 등	신고
2등급	잠재적 위해성이 낮은 의료기기 사용 중 고장 혹은 이상으로 인한 인체에 대한 위험성은 있으나 생명을 위협하거나 중대한 기능장애에 직면할 가능성이 적어 잠재적 위험성이 낮은 의료기기	환자감시장치, 의료영상전송장치소프트웨어, 혈관내튜브 및 카테터, 의안, 의료용진동기, 의료용압력분산매트리스, 교정용브라켓, 치과교정용선재, 수지형체외식초음파프로브, 저출력광선조사기, 직접주입용의약품주입용기구(주사기, CT, MRI 장치, 전자내시경, 소화기용 카테터, 초음파 진단 장치, 치과용 합금 등) 등	신고 또는 심사
3등급	중증도의 잠재적 위해성을 가진 의료기기 인체 내에 일정기간 삽입되어 사용되거나, 중증도의 잠재적 위해성을 가진 의료기기	인공호흡기, 치과용 임플란트, 엑스선 투시진단장치, 복막 투석장치, 무릎 관절, 인공 뼈, 척수마취용 침, 심장충격기, 레이저 수술기, 콘돔 등	심사
4등급	고도의 위해성을 가진 의료기기 심장, 중추신경계, 중앙혈관계 등에 직접 접촉되어 사용되는 의료기기. 인체 내에 영구적으로 이식되는 의료기기. 동물 조직 또는 추출물을 이용하거나 안전성 검증이 불충분한 원자재를 사용한 의료기기	인공혈관, 인공유방, 인공심폐장치, 자궁내피임기구, 인공각막, 필러 등	심사

그 외 회사가 제조하는 의료기기 품목 및 등급은 법제처 국가법령정보센터 [의료기기 품목 및 품목별 등급에 관한 규정] [별표] "의료기기 품목 및 품목별 등급"에서 확인 및 한글(hwp) 파일로 다운로드할 수 있다.

이미 시장에 판매되고 있는 제품의 경우, 대한민국 의료기기정보포털₩의료기기 DataBase, https://udiportal.mfds.go.kr/search/data/MNU10029#item에서 대한민국 식약처(MFDS)에 등록된 제품의 의료기기 등급 포함 인허가 내역을 조회할 수 있다.

국가/인증별 의료기기 등급 분류 비교

다음은 국가/인증별 의료기기 등급을 어떻게 분류하는지와 이의 비교이다.

한국(MFDS)	유럽(CE)	미국(FDA)	기타 (중국/일본 외)
1등급	Class I	Class I	Class I
2등급	Class IIa	Class II 510K 면제	Class II
3등급	Class IIb	Class II 510K	Class III
4등급	Class III	Class III	Class IV

위와 같이 전 세계 거의 모든 국가는 4등급으로 의료기기를 분류하고 있다. 다만, CE와 FDA의 경우 단순히 등급으로만 언급하면 3등급으로 분류한다.

CE Class IIa, FDA Class II 510K 면제는 우리나라 2등급에, CE Class IIb, FDA Class II 510K는 우리나라 3등급에, CE/FDA Class III는 우리나라 4등급에 해당한다는 것을 이해해야 한다. 간혹, 등급 확인 및 소통 과정에서 누구는 CE/FDA 기준으로, 누구는 한국 MFDS 기준으로 언급하여 문제가 발생하는 경우를 흔히 발견할 수 있다. 주의해야 할 부분이다.

동일 제품 및 서비스의 경우, 전 세계 모든 국가/인증이 동일 또는 동등한 등급, 동일한 기준으로 심사를 진행할까?

결론부터 말하자면, 90%는 맞으나 10% 정도는 아니다. 1등급 제품을 특정 국가/인증은 2등급 제품으로 분류하는 경우가 있고, 2등급 이상 제품의 경우 기술문서 심사뿐만 아니라 임상시험을 요구하는데, 특정 국가/인증은 임상시험을 요구치 않는다.

다시 한번 강조한다. 의료기기인지, 그렇다면 몇 등급에 해당하는지, 2등급 이상 제품의 임상시험 여부는 제품 개발 기획 단계에서 반드시, 한국(KFDA), 미국(FDA), 유럽(CE), 중국(CFDA), 일본(관할관청/PMDA)에 확인하기 바란다.

요약

√ 제품 및 서비스 개발 기획 시, 한국(KFDA)/미국(FDA)/유럽(CE)/중국(CFDA)/일본(관할관청/PMDA) 이상 최소 5개 국가에 하기 내용을 판단 받는 것이 좋겠다.

- 의료기기인지 아닌지
- 의료기기라면 이의 품목은 어떻게 분류되어 있고 등급은 무엇인지
- 임상평가 시행 여부

√ 동일 제품 및 서비스일지라도, 전 세계 모든 국가/인증이 동일한 등급으로 판단, 동일한 기준으로 심사를 진행하는 것은 아니다.

ISO 13485:2016 요구사항

ISO 13485:2016 의료기기 품질경영시스템

개요 0.1 일반 사항

이 국제규격은 의료기기 설계 및 개발, 생산, 저장, 배송, 설치, 서비스 및 최종 해체, 폐기, 그리고 의료기기 설계 및 개발, 또는 공급과 관련된 활동(예, 기술 지원)을 포함한 의료기기 생애 주기의 하나 또는 그 이상의 단계에 연관된 조직에서 사용되는 품질경영시스템을 위한 요구사항을 명시한다.

이 국제규격의 요구사항은 조직에 제품(예, 원자재, 부품, 반제품, 의료기기, 멸균 서비스, 교정 서비스, 배송 서비스, 유지 보수 서비스) 공급자 또는 기타 외부 이해관계자 또한 사용될 수 있다.

공급자 또는 외부 이해관계자는 이 국제규격 요구사항에 대한 적합성 평가는 자발적으로 또는 계약에 의해 요구받을 수 있다.

ISO 13485:2016 적용 범위

ISO 13485:2016 일반 사항에서 확인했듯이, 의료기기 관련 모든 활동과 이의 활동을 수행하는 조직에 적용됨을 알 수 있다.

제2장에서 언급한 특별 요구사항 외 나머지는 ISO 9001과 대동소이함으로 ISO 9001 품질경영시스템 경험자라면 비교적 쉽게 이해할 것이며, 비록 경험이 없거나 부족한 사람일지라도 이를 이해하고 적용하는 데 큰 어려움은 없을 것이다.

여기서는 좀 더 구체적으로 의료기기 품질경영시스템이 적용되는 직무는 무엇이고, 어느 조직에 해당되는지 ISO 13485 상의 용어를 사용해 나열해 보도록 하겠다. 현업에서 사용하는 용어와는 약간의 이질감이 있으나, 국제규격과 현업에서 사용하는 용어에 익숙해지기 위함이며, 해석을 통해 이해도를 높이도록 하겠다.

ISO 13485 해당 직무의 구체적 요구사항은 다음 주제에서 알아보도록 하자.

직무의 범위(의료기기 설계 및 개발부터 생산, 저장, 배송, 설치, 서비스 및 해체/폐기까지)

경영 책임
- 경영 의지 - 고객 중심 - 품질 정책 - 기획(품질 목표, 품질경영시스템 기획) - 책임, 권한 및 의사소통(책임과 권한, 경영대리인, 내부 의사 소통) - 경영 검토(일반, 입력, 출력)
자원 관리
- 자원 제공 - 인적 자원 - 기반 시설 - 작업 환경과 오염 관리
제품 실현
- 제품 실현의 기획 - 고객 관련 프로세스 (요구사항 접수/결정, 검토, 의사소통) - 설계 및 개발 (기획, 입력, 출력, 검토, 검증, 유효성 확인, 이관, 변경 관리, 설계 및 개발 파일) - 구매(프로세스, 정보, 검증) - 생산 및 서비스 제공 (관리, 제품 청결, 설치, 서비스 활동, 프로세스의 유효성 확인, 식별, 추적, 보존) - 모니터링 및 측정 장비의 관리
측정, 분석 및 개선
- 모니터링 및 측정 (피드백, 불만처리, 규제 기관에 대한 보고, 내부심사, 프로세스/제품 모니터링 및 측정) - 부적합 제품의 관리 (운송 전/후 검출된 제품에 대한 조치, 재작업) - 데이터 분석 - 개선(일반, 시정 조치, 예방조치)

어느 조직에 해당하는가(의료기기 생애 주기의 하나 또는 그 이상의 단계에 연관된 조직)

- 의료기기 설계 및 개발자
- 의료기기 제조자
- 의료기기 수입, 보관, 배송
- 의료기기 설치, 서비스 제공자
- 의료기기 회사에 원부자재 및 서비스 공급자 또는 외부 이해관계자

ISO 13485:2016 요구사항

ISO 13485:2016 제4조 품질경영시스템부터 제8조 측정, 분석 및 개선까지 의료기기 해당 조직에 요구하는 일반 및 직무별 요구사항이 정리되어 있다.

전문을 차근차근 정독하길 독자에게 권하며, 다음과 같이 요구사항의 핵심을 정리해 보았다.

무엇을 해야 하는가

- 모든 직무의 해당 업무 프로세스(입력~출력) 정립
- 프로세스별 수행 업무 구체화 및 수행 지침(작업 기준 및 합불 판정 기준/처리)
- 수행 업무 수단/방법 유효성/유용성 확보 및 유지/보수, 이의 기록 보존
- 생산 제품의 이력 보존 및 추적
- 고객 요구사항/고객 불만 처리 절차/기준 및 피드백 체계 구축
- 품질목표 수립, 측정/모니터링/분석 통한 개선책 마련

한 문장으로 정리하면, **"모든 업무의 문서화 및 수단/방법의 유효성을 확보하고, 모니터링을 통한 끊임없는 품질 개선 대책을 마련하라."** 일 것이다.

[경영 책임 부문]

경영 의지

최고경영자는 품질경영시스템의 개발 및 실행, 효과성의 유지에 대한 의지의 증거를 다음을 통해 제시해야 한다.

- 규제적 요구사항뿐만 아니라 고객 요구사항 충족에 대한 중요성을 조직에 전달
- 품질 정책의 수립
- 품질 목표가 수립되었음을 보장
- 경영 검토의 수행
- 자원 가용성 보장

고객 중심

최고경영자는 고객 요구사항과 적용되는 규제적 요구사항이 결정되고, 충족됨을 보장하여야 한다.

품질 정책

최고경영자는 품질정책이 다음과 같음을 보장하여야 한다.

- 조직의 목적에 적용 가능함
- 요구사항과의 부합 및 품질경영시스템의 효과성 유지에 대한 의지 포함
- 품질 목표 수립 및 검토 위한 틀을 제공함
- 조직 내 전달되고 이해됨
- 지속적인 적절성에 대해 검토됨

기획

최고경영자는 규제적 요구사항과 제품에 대한 요구사항을 충족하는 데 필요한 사항을 포함한 품질목표가 조직 내의 관련되는 기능과 계층에서 수립됨을 보장하여야 한다. 품질목표는 측정 가능하여야 하고 품질정책과 일관성이 있어야 한다.

또한, 최고경영자는 다음을 보장하여야 한다.

- 품질경영시스템 기획은 품질목표뿐만 아니라 앞서 언급된 의료기기 품질경영시스템 요구사항의 핵심내 용을 충족시키기 이해 수행됨
- 품질경영시스템의 변경이 기획, 실행될 때 이의 완전성 유지됨

책임, 권한 및 의사소통

최고경영자는 조직 내에서 책임 및 권한이 정의되고, 문서화되고, 의사소통됨을 보장하여야 한다.

최고경영자는 품질에 영향을 미치는 업무를 관리, 수행하고 검증하는 모든 인력의 상호 관계를 문서화해야 하고 이러한 일들을

수행하는 데 필요한 권한과 독립성을 보장하여야 한다.

최고경영자는 다른 책임과는 무관하게 다음 사항을 포함하는 책임과 권한을 가진 인력을 경영진 중에서 선임하여야 한다.

- 품질경영시스템을 위해 필요한 프로세스가 문서화됨을 보장
- 최고경영자에게 품질경영시스템의 효과성 및 개선 필요성에 대하여 보고
- 조직 전반에 걸쳐서 적용되는 규제적 요구사항 및 품질경영시스템 요구사항에 대한 의식 고취 보장

최고경영자는 조직 내에 적절한 의사소통 프로세스가 수립되고 그러한 의사소통이 품질경영시스템의 효과성과 관련하여 이루어짐을 보장하여야 한다.

경영 검토

조직은 경영 검토를 위한 절차를 문서화해야 한다. 최고경영자는 지속적인 적합성, 적절성 및 효과성을 보장하기 위하여 문서화된, 계획된 주기로 조직의 품질경영시스템을 검토하여야 한다. 이 검토는 품질방침 및 품질목표를 포함하여, 품질경영시스템의 변경에 대한 필요성 및 개선에 대한 기회 평가를 포함해야 한다.

경영 검토의 기록은 유지되어야 한다.

경영 검토의 입력 사항은 다음으로부터 생성되는 정보를 포함해야 하며 이에 국한되지는 않는다.

- 피드백
- 불만 처리
- 규제 기관에 보고
- 심사
- 프로세스 모니터링 및 측정
- 제품 모니터링 및 측정
- 시정 조치
- 예방 조치
- 이전 경영검토에 따른 후속 조치
- 품질경영시스템에 영향을 줄 수 있는 변경
- 개선 제안
- 신규 또는 개정된 규제적 요구사항

경영 검토의 출력은 기록되어야 하고, 검토된 입력 및 다음 사항과 관련된 모든 결정 및 조치를 포함한다.

- 품질경영시스템 및 프로세스의 적합성, 적절성, 효과성을 유지하기 위해 필요한 개선
- 고객 요구사항과 관련된 제품의 개선
- 신규 또는 개정된 규제적 요구사항에 대응키 위한 필요한 변경
- 인적자원

의료기기 회사는 통상 이 경영 책임 부문을 다음과 같이 운영한다.

- 최고경영자 직속 독립된 조직 운영. 통상 "품질경영실"이라는 명칭으로 경영진 중 한 명을 리더로 지정, 운영한다.
- 조직의 성과 책임. 리더는 "전사 품질 현황을 모니터링하고, 선진화된 품질경영시스템을 도입, 운영, 고도화하여 전사 품질 제고에 기여한다"라는 성과 책임을 가진다.
- 조직의 주요 업무
  - 실시간 전사 품질 현황 모니터링, 분석, 개선 대책 수립
  - 내부 품질 감사: 직무별 품질경영시스템 및 프로세스의 적합성, 유효성 확인, 개선
  - 고객 요구사항 및 규제적 요구사항 적합성, 유효성 결정
  - 외부 품질 감사 대응(ISO 13485, MDSAP, FDA QSR, GMP 등)
- 기타
  - 품질 현황 점검 및 이의 제고 대책을 수립하는 정기적인 보고 또는 회의 운영
  - 고객 요구사항 수집, 분석/판정, 제품 설계 반영 체계 확보, 운영

[자원 관리 부문]

자원 제공

조직은 다음 사항을 위하여 필요한 자원을 결정하고 제공해야 한다.

- 품질경영시스템의 실행 및 그 효과성을 유지
- 적용되는 규제 및 고객 요구사항 충족

인적 자원

제품 품질에 영향을 미치는 업무를 수행하는 자는 적절한 교육, 훈련, 기술 및 경험을 근거로 능력이 부여되어야 한다.

조직은 적격성 수립, 필요한 교육 제공, 개인의 의식 보장을 위한 프로세스를 문서화해야 한다.

조직은 다음 사항을 실행하여야 한다.

- 제품 품질에 영향을 주는 업무를 수행하는 자에 대해 필요한 적격성을 결정
- 필요한 적격성을 달성하거나 유지하기 위한 훈련을 제공 또는 다른 조치를 취함
- 취해진 조치의 효과성 평가
- 조직 구성원이 자기 활동의 연관성과 중요성, 그들이 어떻게 품질목표 달성에 기여하는지를 의식함을 보장
- 교육, 훈련, 기술 및 경험에 대한 적절한 기록 유지

기반 시설

조직은 제품 요구사항에 부합하고 제품 혼동을 예방하며, 제품의 순차적 처리를 보장하기 위해 필요한 기반 시설을 위한 요구사항을 문서화해야 한다. 기반 시설은 다음을 포함한다.

- 빌딩, 업무장소 및 부대시설
- 프로세스 장비
  (하드웨어 및 소프트웨어)
- 지원 서비스
  (운송, 통신 또는 정보시스템)

작업 환경과 오염 관리

조직은 제품 요구사항의 적합성 확보를 위해 필요한 작업 환경을 위한 요구사항을 문서화해야 한다.

작업 환경 조건이 제품 품질에 부정적 영향을 줄 수 있다면, 조직은 작업 환경에 대한 요구사항과 작업 환경을 모니터링하고 관리하기 위한 절차를 문서화 해야 한다.

조직은 다음 사항들을 실시해야 한다.

- 작업자와 제품 또는 작업 환경과의 접촉이 의료기기 안전과 성능에 영향을 미칠 수 있을 경우 작업자의 건강, 청결 및 의복에 관련된 요구사항을 문서화해야 한다.
- 작업 환경 내의 특수한 환경 조건에서 일시적으로 작업하도록 요구되는 모든 인원들은 적격하거나 적격한 사람으로부터 감독을 받는다는 것을 보장한다.(신규채용, 재교육 등)

조직은 작업 환경, 작업자 또는 제품의 오염을 예방하기 위해, 오염되었거나 오염될 가능성이 있는 제품의 관리를 위한 조치를 계획하고 문서화해야 한다.

멸균 의료기기에 대해 조직은 조립 또는 포장공정 중, 미생물 또는 부유성 고형물의 오염을 관리하고 요구된 청결도 유지를 위한 요구사항을 문서화해야 한다.

현업에서의 효과적 적용을 위해, 이 자원 관리 부문은 조직역량과 작업환경 두 갈래로 분리하여 정리토록 하겠다.

조직 역량

- 직무 분석 통한 조직 설계
  - 조직 직무 및 현 구성원 역량 진단, GAP 분석을 통한 최적의 조직 설계
  - 부족 역량 확보(신규채용, 재교육 등)
- 직무기술서 작성/유지
  - 구성원별 직무기술서 작성 통해 본인의 성과 책임, 주요 업무, 역량 정의
  - 내/외부 교육, 훈련 통한 필요 역량 확보

작업 환경

- 직무(개발, 검증, 생산, 보관, 배송) 별 작업 환경 조건 문서화 및 확보
  - 먼지, 온도, 습도 관리
  - 멸균의료기기에 대한 오염 관리
- 작업 공간 및 시설
  - 제품 혼동(적합/부적합 등) 방지에 충분한 공간 확보
  - 직무 수행에 필요한 기반 시설 확보

[제품 실현 부문]

이 부문은 고객 요구사항을 시작으로 의료기기 제품 기획부터 설계/개발, 생산, 설치/폐기까지 전 생애 주기에 걸친 규제 요구사항을 다루고 있다.

전 생애 주기 가운데, 제품 개발부터 생산까지를 전 단계, 생산 제품의 보관/출하부터 설치/폐기까지를 후 단계로 구분토록 하겠다.

제품 개발부터 생산까지의 전 단계는 "제2장 제품 개발 및 검증/유효성 확인", 후 단계의 일부 영역은 "ISO 13485:2016 무엇이 특별한가"에서 언급한 바, 여기서는 그 외 규제 요구사항을 중심으로 다루도록 하겠다.

제품 실현의 기획

조직은 제품 실현을 위해 필요한 프로세스를 계획 및 개발하여야 한다. 즉 의료기기 제품 개발 프로세스를 의미하며, 단계별 KM, 산출물, 조직 등이 함께 정의되어야 한다.

조직은 제품 실현에서 위험 관리를 위해 하나 또는 그 이상의 프로세스를 문서화해야 한다. 위험관리 활동의 기록은 유지되어야 한다. 즉 Risk Management 기술문서로서 제품 인증 심사 시, 제출해야 할 문서이다.

기획서(MRS)에 포함되어야 할 사항은 다음과 같다.

- 제품에 대한 품질 목표와 요구사항
- 기반 시설과 작업 환경을 포함한 그 제품에 특정한 프로세스와 문서의 수립, 자원 제공에 대한 필요성
- 제품 승인에 대한 기준과 함께 그 제품에 특정한 요구된 검증, 유효성 확인, 모니터링, 측정, 검사 및 시험, 처리, 보관, 배포 및 추적성 관리 활동
- 실현 프로세스 및 결과적 제품이 요구사항을 충족시킨다는 증거를 제공하기 위해 필요한 기록

이 기획의 출력물은 조직의 운영 방식에 적합한 형태로 문서화되어야 한다.

고객 관련 프로세스

조직은 제품과 관련된 다음과 같은 고객 요구사항 검토, 결정하고 이의 조치 기록을 유지하여야 한다.

- 의도 및 의도 후 활동에 대한 요구사항을 포함하여 고객이 명시한 요구사항
- 고객이 언급하지 않았지만 알려진 것처럼 명시된 사용 또는 의도된 사용에 필요한 요구사항
- 제품과 관련하여 적용되는 규제적 요구사항
- 의료기기 특정 성능과 안전한 사용을 보장하기 위해 필요한 사용자 교육
- 조직에 의해 결정된 모든 추가 요구사항

조직은 다음 사항과 관련된 고객과의 효과적인 의사소통 방법을 계획하고 문서화해야 한다.

- 제품 정보
- 변경을 포함하여, 문의, 계약 또는 주문 처리
- 불만을 포함한 고객 피드백
- 권고 통지

조직은 적용되는 규제적 요구사항에 따라 규제 기관과 의사소통 해야 한다.

설계 및 개발

조직은 설계 및 개발에 대한 절차를 문서화해야 한다. 즉, 연구 개발 프로세스, KM, 산출물 정의.

설계 및 개발 입력, 즉 MRS(Market Required Specification)은 다음 사항을 포함해야 한다.

- 제품의 의도된 사용 목적에 따른 기능, 성능, 유용성 및 안전 요구사항
- 적용되는 규제적 요구사항 및 규격
- 리스크 관리에 적용되는 출력물
- 이전의 유사한 설계로부터 도출된 정보
- 제품과 프로세스 설계 및 개발에 필수적인 다른 요구사항

설계 및 개발 계획서에 다음 사항을 문서화해야 한다.

- 설계 및 개발 단계
- 각 설계 및 개발 단계에 필요한 검토
- 각 설계 및 개발 단계에 적합한 검증, 유효성 확인 및 설계 이관 활동
- 설계 및 개발에 대한 책임과 권한
- 설계 및 개발 입력에 대한 출력의 추적성 보장 방법
- 개인 역량 및 자원

설계 및 개발 출력, 즉 산출물은 다음과 같아야 한다.

- 설계 및 개발에 대한 입력 요구사항 충족
- 구매, 생산 및 서비스 제공을 위한 적절한 정보 제공
- 제품 합격 기준
- 안전 및 올바른 사용에 필수적인 제품 특성 명시

설계 및 개발 중, 적절한 단계에서 요구사항 충족, 결과를 평가할 수 있는 검토(Gate Keeping)가 이루어져야 하며, 검토 결과 및 모든 필요 조치는 기록, 유지되어야 한다. 또한, 검토 참여자와 일자를 포함해야 한다.

설계 및 개발 검증, 즉 신뢰성시험은 다음과 같아야 한다.

- 설계 및 개발 출력이 입력 요구사항을 충족시켰다는 것을 보장키 위해 계획되고, 문서화해야 한다.
- 조직은 검증 방법, 합격 기준을 포함한 검증 계획을 문서화하고, 필요시 표본 크기에 대한 근거와 통계적 기법을 포함해야 한다.
- 의도된 사용목적이 다른 의료기기와 연결되거나 인터페이스로 접속토록 요구한다면, 검증은 연결 상태에서 출력이 입력을 충족시키는지 확인하는 것을 포함해야 한다.
- 검증 결과, 결론, 필요 조치의 기록은 유지되어야 한다.

설계 및 개발 유효성 확인, 즉 임상평가 또는 성능평가를 의미한다.

- 제품 결과물이 명시된 적용 또는 의도된 사용목적에 부합해야 한다.
- 조직은 유효성 확인 방법, 합격기준을 포함한 유효성 확인 계획을 문서화해야 한다.
- 규제적 요구사항에 따라, 임상 평가 또는 성능 평가를 유효성 확인의 일부로서 수행한다.
- 의도된 사용목적이 다른 의료기기와 연결되거나 인터페이스로 접속토록 요구한다면, 유효성 확인은 연결 상태에서 명시된 적용 또는 의도된 사용목적에 대한 요구사항을 충족하는지 확인하는 것을 포함해야 한다.
- 유효성 확인 결과, 결론, 필요 조치의 기록은 유지되어야 한다.

설계 및 개발 이관, 설계 및 개발 출력물을 제조로 이관키 위한 절차를 문서화해야 하며, 이러한 절차는 설계 및 개발 출력물이 최종 제품 사양으로 되기 전에 제조를 위해 적합한 것으로 검증되고,

생산 능력이 제품 요구사항을 충족할 수 있음을 보장해야 한다.

설계 및 개발 변경 관리, 조직은 이를 위한 절차를 문서화해야 한다. 또한, 의도된 사용목적을 위해 기능, 성능, 유용성, 안전과 적용되는 규제적 요구사항 변경의 중요성을 결정해야 하며, 다음 사항들이 수행되어야 한다.

- 검토(구성품 및 생산 제품, 위험관리 및 제품실현 프로세스 입/출력에 대한 영향 평가 포함)
- 검증
- 유효성 확인, 해당되는 경우
- 승인

설계 및 개발 파일, 변경 기록을 보존/유지해야 한다.

구매

조직은 구매 제품에 명시된 구매 정보에 적합함을 보장키 위한 프로세스를 문서화해야 한다.

조직은 공급자를 평가하고 선정키 위한 기준을 수립해야 하며, 기준은 다음과 같아야 한다.

- 조직의 요구사항을 충족하는 제품을 제공하기 위한 공급자의 능력
- 공급자의 수행 능력
- 의료기기 품질에 대한 구매 제품의 영향
- 의료기기와 관련된 위험 영향

조직은 공급자 및 구매 제품이 요구사항을 충족하는지, 모니터링 및 재평가를 계획/실행하고, 그 결과를 재평가 프로세스에 입력한다.

구매정보는 구매할 제품을 기술하거나 언급해야 하며, 다음 사항을 포함해야 한다.

- 제품 사양
- 제품 승인, 절차, 프로세스, 장비에 대한 요구사항
- 공급자 직원의 자격 요구사항
- 품질경영시스템 요구사항

조직은 공급자와 "공급자는 변경사항에 대해 실행 전, 조직에 통보한다."라는 내용을 서면 계약에 포함한다. 또한, 이의 추적을 위한 구매정보를 보유해야 한다.

조직은 구매한 제품이 규정된 구매 요구사항을 충족시키는 것을 보장키 위한 필요한 검사(생산 적용 전 신뢰성 검토/시험, 양산시 IQC 활동) 또는 기타 활동을 수립하고 실행해야 한다.

생산 및 서비스 제공

생산 및 서비스 제공은 제품이 사양에 부합함을 보장키 위해 계획/시행되며, 모니터링 및 관리되어야 한다. 또한, 생산관리는 다음 사항을 포함해야 한다.

- 생산 관리를 위한 절차 및 방법의 문서화
- 기반 시설의 자격
- 프로세스 파라미터와 제품 특성 모니터링 및 측정 실시
- 모니터링 및 측정 장비의 가용성 및 사용. 즉 정기적 점검 및 Calibration (검교정)
- 라벨링과 포장 위한 규정된 업무의 수행
- 제품 불출

조직은 제조된 수량과 출하 승인된 수량을 파악하고, 생산 Batch 등 추적 가능토록 기록을 유지한다.

조직은 생산 및 서비스 제공 위한 프로세스의 유효성을 확인해야 한다. 즉 모니터링 또는 측정에 의하여 검증될 수 없거나 검증하지 않은 생산 및 서비스 제공에 대한 모든 프로세스에 대해 유효성 확인을 해야 한다. 대표적인 것이 비 검사 원부자재 생산 투입 프로세스와 사용 중 제품의 비정상 상태 회복 위한 장애 처리 프로세스이다.

조직은 다음 사항을 포함하는 프로세스 유효성 확인을 위한 절차를 문서화해야 한다.

- 프로세스의 검토 및 승인에 대한 규정된 기준
- 장비 검증 및 사용자 자격
- 명시된 방법, 절차 및 승인 기준의 사용
- 표본 크기에 대한 근거와 통계적 기법
- 유효성 재확인을 위한 기준을 포함하는 유효성 재확인
- 프로세스 변경의 승인

또한, 조직은 생산 및 서비스 제공에 사용된 컴퓨터 소프트웨어 적용에 대한 유효성 확인을 위한 절차를 문서화해야 한다. 또한, 이의 적용 전 유효성이 확인되어야 하며, 변경 전 유효성 확인, 관련된 리스크도 확인해야 한다.

조직은 제품 식별 및 제품 실현의 전 과정에서 적절한 방법으로 제품을 식별하기 위한 절차를 문서화해야 한다.

조직은 제품 실현 전 과정에서 제품 상태를 식별하여, 요구된 검사와 시험을 통과하거나 허가된 특채 하에 출하된 제품만이 배포, 사용되거나 설치된다는 것을 보장키 위해 생산, 보관, 설치, 제품의 서비스 전 과정에서 유지되어야 한다.

또한, 조직에 반품된 의료기기가 비교 제품과 식별되고 구분됨을 보장키 위한 절차를 조직은 문서화해야 한다.

조직은 출하된 제품의 추적을 위한 절차를 문서화해야 하며, 규제 요구사항에 따라 그 범위를 정의하고 기록을 유지해야 한다.

이식형 의료기기의 경우, 부품, 재료 및 작업환경 조건이 명시된 안전과 성능 요구사항을 충족하지 못하는데 영향을 줄 수 있는 경우 추적성을 위해 요구된 기록에 이의 기록을 포함해야 한다.

조직은 배급 서비스 공급자 또는 배급자가 추적성을 가능하게 하는 의료기기 배포 기록을 유지해야 함을 요구해야 한다. 그러한 기록은 검사에 유용하도록 요구한다. 또한, 선적 제품 수신자의 이름과 주소 기록도 유지되어야 한다.

조직은 사용을 위해 제공하였거나, 조직의 관리하에 있거나 조직에 의해 사용 중인 제품에 포함된 고객자산을 식별, 보호, 보안 유지해야 한다. 만약 고객자산이 분실, 손상 또는 사용하기에 부적절한 것으로 판명되면 조직은 이를 고객에게 보고하고 기록을 유지해야 한다.

조직은 제품이 보존을 위해, 처리, 보관, 취급, 배포 동안 요구사항에 대한 절차를 문서화해야 한다. 보존은 의료기기의 구성부품에도 적용한다.

- 적절한 포장 및 선적 컨테이너의 개발 및 제작
- 포장 단독으로 제품을 보존할 수 없을 때 필요한 특별 조건에 대한 요구사항 문서화. 만약 특별 조건이 요구된다면 조건들이 관리, 기록되어야 한다.

모니터링 및 측정 장비의 관리

조직은 수행해야 할 모니터링 및 측정을 결정하고, 결정된 요구사항에 제품이 적합함의 증거를 제공하는데 필요한 모니터링 및 측정 장비를 결정해야 한다.

즉, 제품 실현(개발, 시험/검증, 생산과 서비스) 과정에서 사용되는 모든 모니터링 및 측정 장비의 성능이 요구사항에 부합토록 절차를 문서화하고 시행해야 한다.

유효한 결과를 보장하는 데 필요한 측정 장비는 다음과 같아야 한다.

- 규정된 주기 또는 사용 전, 국제표준 또는 이에 부합하는 측정 표준으로 교정 또는 검증
- 필요한 경우, 조정이나 재조정 및 이의 기록 보존
- 교정 상태를 결정하기 위한 식별
- 측정 결과를 무효화시킬 수 있는 조정으로부터 보호
- 취급, 유지 보수 및 보관 동안 손상이나 열화로부터 보호

조직은 문서화된 절차에 따라 교정 또는 검증을 수행해야 한다.

조직은 이를 위해 사용된 컴퓨터 소프트웨어의 유효성 확인을 위한 절차를 문서화하고, 사용 전 유효성(위험관리 포함)을 확인하고, 이의 기록을 유지한다.

[측정, 분석 및 개선 부문]

조직은 다음 사항에 필요한 모니터링, 측정, 분석 및 지속적인 개선 프로세스를 계획하고 실행해야 한다.

- 제품 적합성의 실증
- 품질경영시스템의 적합성 보장
- 품질경영시스템의 효과성 유지

모니터링 및 측정

품질경영시스템의 효과성 측정의 하나로, 조직이 고객 요구사항을 충족시켰는지에 대한 고객의 의식과 관련된 정보를 모으고 모니터링하여야 한다. 이러한 정보의 획득 및 활용에 대한 방법을 문서화해야 한다. 이는 주로, "고객만족도 조사"를 통해 실현한다.

조직은 위와 같은 피드백 프로세스에 대한 절차를 문서화하고, 생산 이후뿐만 아니라 생산으로부터 데이터를 모으기 위한 규정을 포함해야 한다. 피드백 프로세스에서 수집된 정보는 제품실현, 개선뿐만 아니라 제품 요구사항을 모니터링하고 유지하기 위한 리스크 관리의 잠재적 입력을 제공해야 한다.

조직은 고객 불만을 처리하기 위한 절차를 문서화해야 한다. 즉 고객불만처리 프로세스. 이 절차는 다음과 같은 최소 요구사항과 책임을 포함해야 하며, 불만 처리 기록은 유지되어야 한다.

- 정보의 수집 및 기록
- 피드백이 불만으로 여겨졌는지 결정하는 정보 평가
- 불만 조사
- 규제 기관에 정보를 보고하기 위한 필요성 결정
- 불만과 관련된 제품의 처리
- 최초 시정 또는 시정 조치의 필요성 결정

규제 기관에 보고

규제적 요구사항이 의료기기 문제점이 특화된 보고 기준을 만족하는 불만 통지 또는 권고 통지의 발행을 요구할 경우, 조직은 적절한 규제 기관에 통지를 하기 위한 절차를 문서화해야 한다.

내 경험상 다음 두 가지 경우가 이에 해당한다.

- 사용자의 물리적 안전에 위해를 가할 위험요소 발견 시
- 제품 성능 미달에 따른 잘못된 진단, 치료가 예상되는 경우

내부 심사

조직은 품질경영시스템이 다음과 같은지, 계획된 주기로 내부 심사를 수행해야 한다.

- 계획되고 문서화된 절차, 국제규격의 요구사항, 조직이 수립한 품질경영시스템 요구사항, 그리고 적용 가능한 규제적 요구사항의 부합 여부
- 효과적으로 실행, 유지되는지

조직은 심사의 기획 및 수행, 심사 결과 기록 및 보고에 대한 책임과 요구사항을 기술하기 위한 절차를 문서화해야 하며, 심사의 기준, 범위, 주기 및 방법이 규정되고 기록되어야 한다. 심사원은 자신의 업무를 심사하지 않는다.

심사와 심사 결과의 기록은 유지되어야 하며, 피 심사 분야의 관리자는 발견된 부적합 및 그것들의 원인을 제거키 위한 필요한 조치와 시정 조치를 보장해야 한다.

프로세스의 모니터링 및 측정

조직은 계획된 결과를 달성하기 위해 품질경영시스템 프로세스의 능력을 입증해야 한다. 그렇지 않다면, 적절하게 시정 및 시정조치가 취해져야 한다. 특히, 고객불만처리 프로세스.

제품의 모니터링 및 측정

조직은 제품 요구사항이 충족되었다는 것을 검증하기 위하여 그 제품의 특성을 모니터링하고 측정하여야 한다. 이것은 계획되고 문서화된 처리 방식 및 절차에 따라 제품 실현 프로세스의 적용 가능한 단계에서 수행되어야 한다.

적용 가능한 단계는 아래와 같다.

- 설계 및 개발, 검증/유효성 단계
- 제품 생산 OQC(Outgoing Quality Control)
- 제품 설치 시, Acceptance Test
- 제품 사용 중, Constancy Test

또한, 제품 불출 승인자 식별 및 측정 활동을 수행하는 데 사용된 시험 장비를 식별, 기록해야 한다.

부적합 제품의 관리

의도하지 않은 사용 또는 의도가 방지되도록 조직은 제품 요구사항에 적합하지 않은 제품이 식별되고 관리됨을 보장하여야 한다. 조직은 부적합 제품의 식별, 문서화, 분리, 평가 및 처분에 대한 관리와 관련된 책임과 권한을 정의하기 위한 절차를 문서화해야 한다.

특채를 포함한, 부적합의 특성 및 취해진 모든 후속 활동의 기록은 유지되어야 한다.

운송 이전에 검출된 부적합 제품에 대한 조치

조직은 다음 중 하나 또는 그 이상의 방법에 의해 부적합 제품을 처리해야 한다.

- 발견된 부적합을 제거하기 위한 조치
- 원래 의도한 사용 또는 적용을 배제하기 위한 조치
- 특채하에 사용, 불출 또는 수락 승인

특채는 규제적 요구사항을 충족할 때 한하여 허용되며, 이의 허용, 승인한 자에 대한 신원에 대한 기록은 유지되어야 한다.

운송 이후에 검출된 부적합 제품에 대한 조치

부적합 제품 사용이 시작된 후 발견된 경우, 조직은 부적합의 영향 또는 잠재적 영향에 적절한 조치를 취해야 하며, 조치 기록은 유지되어야 한다.

또한, 적용되는 규제적 요구사항에 따른 권고 통지를 발행하기 위한 절차를 문서화해야 하고, 권고 통지 발행과 관련된 조치의 기록은 유지되어야 한다.

재작업(Rework)

조직은 제품에 대한 재작업이 잠재적 부정적 영향을 고려한 문서화된 절차에 따라 재작업을 수행해야 한다. 이 절차는 원래의 절차와 동일한 검토, 승인 과정을 거쳐야 한다.

재작업 후, 수락 기준과 규제적 요구사항을 충족함을 보장하기 위해 검증되어야 하며, 그 기록은 유지되어야 한다.

데이터 분석

조직은 품질경영시스템의 적합성, 타당성 및 효과성을 실증하기 위하여 적절한 데이터를 결정, 수집 및 분석하기 위한 절차를 문서화하고, 그 절차는 통계적 기법과 사용 범위를 포함하는 적절한 방법의 결정을 포함해야 한다.

이를 위해 의료기기 회사는 다양한 지점에서 품질 현황 요소로 발굴하고, 모니터링, 데이터 수집/분석, 개선 대책을 마련, 시행하고 있다.

- IQC(부품별, 공급사별 불량현황)
- 제조(공정별 수율, 불량현황)
- OQC(불량 현황)
- 고객서비스(불량 현황)

데이터의 분석은 다음으로부터 생성된 입력을 포함해야 한다.

- 피드백
- 제품 요구사항에 대한 적합성
- 개선에 대한 기회를 포함한 프로세스 및 제품에 대한 특성/경향
- 공급자
- 심사
- 서비스 보고서

개선(Improvement)

시정 조치. 조직은 부적합 재발 방지를 위하여 그 원인을 제거하기 위한 조치를 취해야 하며, 다음에 대한 요구사항을 정의하기 위한 절차를 문서화해야 한다.

- 부적합 검토(고객 불만 포함)
- 부적합 원인의 결정
- 재발하지 않음을 보장키 위한 조치 필요성 평가
- 필요 조치의 기획, 문서화 및 조치의 수행
- 시정 조치가 규제적 요구사항 또는 의료기기의 안전과 성능에 부정적 영향을 끼치지 않음을 검증
- 시정 조치의 효과성 검토

예방 조치

조직은 잠재적 부적합 발생 방지를 위해 그 원인을 제거하기 위한 조치를 결정하고, 다음과 같은 요구사항을 서술키 위한 절차를 문서화해야 한다.

- 잠재적 부적합 및 원인 결정
- 부적합 발생 방지 위한 조치의 필요성 평가
- 필요 조치의 기획, 문서화 및 조치의 수행
- 규제적 요구사항 또는 의료기기 안전과 성능에 부정적 영향을 끼치지 않음을 검증
- 예방조치의 효과성 검토

| 참고 자료, 문헌 및 서적

ISO 13485:2016 의료기기 품질경영시스템 원문